空间生产视角下的城市边缘区绿色空间特征

杨钧月　著

中国纺织出版社有限公司

内 容 提 要

本书共六章,内容包括:绪论,空间生产理论在城市边缘区绿色空间研究中的适用性,城市边缘区绿色空间的资本特征,城市边缘区绿色空间的城乡关系特征,城市边缘区绿色空间的生态特征,空间生产理论对城市边缘区绿色空间规划管控的影响和启示。本书将西方空间生产理论应用于城市边缘区绿色空间的特征研究中,并对相应的城市边缘区绿色空间规划方法做出积极探索。

本书可供城乡规划相关专业的教学、科研、管理人员学习和参考。

图书在版编目(CIP)数据

空间生产视角下的城市边缘区绿色空间特征 / 杨钧月著. — 北京：中国纺织出版社有限公司，2023.2（2024.8重印）
ISBN 978-7-5229-0359-0

Ⅰ.①空… Ⅱ.①杨… Ⅲ.①城市绿地－城市规划－绿化规划－研究 Ⅳ.①TU985.1

中国国家版本馆 CIP 数据核字（2023）第031800号

责任编辑：张 宏 责任校对：高 涵 责任印制：储志伟

中国纺织出版社有限公司出版发行
地址：北京市朝阳区百子湾东里 A407 号楼 邮政编码：100124
销售电话：010—67004422 传真：010—87155801
http://www.c-textilep.com
中国纺织出版社天猫旗舰店
官方微博 http://weibo.com/2119887771
北京虎彩文化传播有限公司印刷 各地新华书店经销
2024 年 8 月第 1 版第 2 次印刷
开本：787×1092 1/16 印张：12.875
字数：167 千字 定价：98.00 元

PREFACE
前言

　　城市边缘区绿色空间承载着丰富的经济内涵、社会内涵和生态内涵,因此,在不同的研究维度上城市边缘区绿色空间呈现出多样特征。然而,被资本增值逻辑和现代技术理性所主导的城市边缘区城镇化过程遮蔽了绿色空间的多元特征,城市边缘区绿色空间因此充满社会矛盾和生态危机。若要纠正城市边缘区绿色空间演变的偏途,则需在多个维度上解读绿色空间的特征,只有对其有充分认识,才谈得上改良和完善城市边缘区绿色空间规划设计和管控的技术方法。

　　本书将亨利·列斐伏尔(Henri Lefebvre)的空间生产理论引入城市边缘区绿色空间的特征研究中,借助空间生产理论的日常生活分析视角,重新梳理城市边缘区绿色空间的研究维度,着重考察绿色空间中蕴含的资本特征、城乡关系特征和生态特征,并以此为基础提出空间生产理论对城市边缘区绿色空间规划管控的启示。

　　笔者在2018年即开始了对城市边缘区绿色空间的研究,以博士学位攻读过程中的研究积累为基础完成本书。从2020年开始,笔者专注于调研贵阳市城市边缘区绿色空间,发现城市边缘区绿色空间的问题绝不仅仅是生态环境保护和自然资源分配的问题,还关系到城市边缘乡村的社会、经济问题、城市边缘空间同质化问题和城乡关系不协调问题等,对城市边缘区绿色空间的研究亟须一种成熟的理论来引导,以帮助绿色空间研究向城乡发展研究释放出更多有价值的、可利用的讯号。

　　本书以空间生产理论为主要指导,同时借助城乡规划学、城市生态学、景观生态学的理论展开研究,在城市边缘区绿色空间的资本特征分析中运用了马克思资本批判思想,在城乡关系特征分析中运用了城市社会学思想,在生态特征分析中则运用了生态学相关思想。本书将城市边缘区绿色空间融入了城乡生态系统网络构建、城乡统筹发展、城乡土地资源优化利用和环境保护以及城乡绿色空间景观设计等领域,为寻求将城市边缘区绿色空间保护与建设、自然生态系统保护与改善、地域人文精神自我维持和更新能力培养联系起来的城市边缘区绿色空间规划设计理论与方法做出有益尝试。

　　城市边缘区绿色空间直接反映了城市建设过程中人与自然相处的模式,也体现了城市与乡村的互动关系,若将人们对城市边缘区绿色空间改造的态度从对 GDP(国内生产总值)的追求转变为对 GNH(国民幸福总值)的关怀,还需大量学者持之以恒的研究和倡议。

杨钧月

2022 年 5 月

CONTENTS
目录

第一章

绪　论

随着我国城镇化进程的加快,城市边缘的城乡交错区域面临着激烈的绿色空间争夺问题。我国对城市边缘区绿色空间的定义与内涵认知的缺乏,阻碍了对绿色空间的价值发掘和高效利用,因此需要重新审视城市边缘区绿色空间的现状、定义和内涵。同时,梳理国内外城市边缘区绿色空间的相关研究,是探索高效绿色空间规划管控路径的基础。

城市边缘区范围涵盖广泛,其中绿色空间的争夺问题在区域、地方、个人多个层面渗透,这从侧面反映出城市边缘区绿色空间的丰富内涵,也说明了城市边缘区绿色空间概念界定的复杂性。我国对城市边缘区绿色空间的研究起初受欧美国家的相关理论和实践的影响,但由于国家体制和地方城市发展的巨大差异,国外理论在我国城市边缘区绿色空间中的应用研究出现"水土不服"现象。我国学者在国外研究的基础上,积极探索城市边缘绿色空间的研究途径、研究方法和内容,在绿色空间分类、绿色空间生态系统服务功能评价、绿色空间对公共健康的作用等方面都做出了有益尝试,取得了丰硕的成果。但是,国内外对城市边缘区绿色空间的研究存在脱离城乡居民日常生活的问题,城市边缘区作为城乡过渡带,是城市居民和乡村居民日常生活重叠的区域,绿色空间蕴含了城市现代价值追求,也充满了城市周边乡村的人文精神,对城市边缘区绿色空间的研究亟须一种具有日常生活视角的成熟理论作为引导。

城市边缘区绿色空间是开放性的公共空间,对其的研究也具有开放性,需要多个学科交叉合作,多个维度并行推进。同时,城市边缘区绿色空间充满了个性化诉求,是城市边缘乡村多元人文与乡村居民主体极富创造性的生产生活体验的空间呈现。另外,绿色空间的个性化还体现在多样的绿色景观形态与多样的生物群落上,对其个性化诉求的研究同样需要多个学科理论与方法作为支撑。可见,充满多元价值的城市边缘区绿色空间研究面临着多重挑战。

第一节 城乡建设中出现的绿色空间争夺问题

1978 年至今,我国城镇化率从 17.92％上升至 63.89％,经济飞速增长、社会快速进步的同时,城镇空间大规模扩张。城镇化从自然界中掠夺了大量绿色空间,造成了生态环境质量下降、经济非可持续发展,以及因人口转移和社会转型而引发的社会问题。绿地和城市边缘区常被联系为无足轻重的区域,错误的价值观使之成为城镇化进程中生态问题(邢忠,2007)、经济问题和社会问题的高发区。

一、城镇区域空间层面

城镇化驱使下的城镇区域,城镇集群化发展,中心城市发挥着聚集效应,辐射带动周边小城镇和乡村发展,经济发展的需求促使城镇区域以中心城市为核心,进行了大规模基础设施建设(孙全胜,2020),侵占了大量城镇周边绿地。经济发展导向下的城镇交通与基础设施网络镶嵌在区域自然本底中,虽打通了经济发展通道却有阻断正常的生态过程的风险。城市、城镇和乡村之间的绿色空间,由于均处于城市、城镇和乡村边缘,是行政管辖的薄弱区,常沦为"三不管地带",甚至被竞相掠夺资源,成为转嫁污染的对象。在城镇化的争夺下,城、镇、乡之间的绿色空间被破碎零散的建设用地和无止境的道路桥梁所切割,美好的自然环境殆尽,珍贵的生态财富在不断减少(麦克哈格,1992)。

二、城市边缘空间层面

就城市而言,边缘区是指城市中心之外,与周边异质空间相邻的区域,与城市、城市外围的自然生态空间和乡村相关系(王思元,2012)。虽然,城市边缘区是一个模糊的区域概念,但城市边缘绿色空间作为城市与自然本底镶嵌的区域,应当切实发挥向城市输送生态服务的功能、保障健康生态过程的功能和动物迁徙的生态踏脚石等生态功能。然而,城市向外扩张急速掠夺城市边缘绿色空间,绿色空间被粗放式利用,环境污染问题随之产生,本该是城市绿色保护圈的城市边缘区沦为满目疮痍的城市排污场,正如麦克哈格(1992)所描述的:"城市边缘区正是那些农田被消灭、小河与沼泽被填平、森林被砍伐、小溪流淌着污水,停放着许多用于掠夺土地的巨型机器,绿地被夷为平地的区域。"

三、人的自我实现层面

列斐伏尔在其著作《空间的生产》(2021)中,将"全面自由人"拓展为"总体的人",突出人"主体与客体"的统一,人既是行为的主体,又是行为的客体。因此,总体的人的实现,需要凭借社会实践活动得以实现(孙全胜,2015)。城市边缘区作为城市拓展的对象,其形成过程伴随着大量的人口迁入和社会转型。被动城镇化的城镇边缘乡村人口和迁入城市边缘区的乡村人口都极富中国基层人口的乡土性(费孝通,2007),过去从土里讨生活的乡村人在城镇化后仍然脱离不了对泥土的依赖,人们尽可能地开辟周边绿地用于耕种,将乡土情怀肆意散播在城市边缘区,这种正规或非正规的自发耕种行为,反映在绿色空间上,则是人们对绿色空间的争夺。随着城市边缘区城镇化程度的深入,在中心城市的辐射带动作用下,居民被现代城市生活方式不断同化,能力和才能逐渐提升,转而在城市内部寻找工作机会,导致城市边缘区被开垦的土地大量闲置,生态问题随之产生,因开垦导致的生态逆向演替已经发生,生态恢复则需要百余年时间。另外,随着城市边缘区居民个人能力持续提升,其财富的不断积累,通过自建房屋改善居住条件,或是彰显个人能力与财富的现象普遍存在。可见,社会转型剧烈的城市边缘区,人们为实现"总体的人"的追求,通过开垦后弃耕和自发建房等方式争夺绿地。

总的来说,城镇化作用下绿色空间被大规模掠夺,随着剧烈空间格局变化的是人口转移、社会转型和生态退化。绿色空间作为人们主要的物质来源,同时还保障城乡生态安全、庇护人们精神和身体的健康,对城乡经济、社会及生态产生根本影响。城市边缘区作为城镇化最为剧烈的区域,绿色空间被侵占得最为严重,绿地格局变化最剧烈,亟须厘清城市边缘区绿色空间的特征与演变机制,为城乡绿色空间格局优化、科学配置绿地资源及合理有效建设绿地提供依据。

第二节　城市边缘绿色空间的概念解析

城市边缘区是本文的研究范围,绿色空间是本文研究的对象,但是在相关研究成果中,这两个概念的定义相对模糊,范围存在不确定性。因此,本文需要对其进行梳理和辨析,以明确适应本文的城市边缘区和绿色空间概念及内涵。

一、城市边缘区的概念与划定

城市边缘区有"城郊接合部""城乡交错带""城市郊区""城市蔓延区"等称谓,概念定义虽然混乱,但随时代变化持续演变,其范围界定因视角不同和技术方法的差异,存在多种多样的途径,且呈现从定性划分向定量划分的转变,以及由单一的空间划分向综合空间、功能、社会形态划分方式的转变。

(一)城市边缘区的概念

城市边缘区是城镇化过程中必然存在的特殊区域,然而,不同地域背景和城市发展时段下,城市边缘区的概念定义存在差异。早在19世纪,杜能提出的"农业区位论"就从区位地租的角度对城市边缘区的土地利用进行了阐述(约翰·冯·杜能,1986),霍华德的"田园城市"理论从产业布局、社会形态、生态保护、景观感知等方面描绘了城市边缘区的理想模式(埃比尼泽·霍华德,2006),虽然并未专门提出城市边缘区概念,但在城市研究中开始出现城市边缘区的雏形。直到1936年,德国地理学家哈伯特·路易在研究柏林城市形态时,发现乡村的部分地区被城市侵占,虽逐渐成为城市的一部分,但仍保留独特的景观特征,由此首次提出"城市边缘带"的概念:"一个连续封闭的,围绕内城并与其相吻合的环状地带"(Louis,1936),这是城市边缘区研究的开端(荣玥芳等,2011)。1942年,城市边缘区概念从定性描述拓展到对土地利用性质的讨论,被描述为城市建设用地(工业用地)向专门农业用地转变的区域(Wahrwein,1942)。同年,出现了从社会学视角描述城市边缘区的概念,将城市边缘区表述为"乡村—城市边缘带"(rural-urban fringe),城市边缘区的研究视域从城市拓宽到了乡村(Andrews,1942)。1960年,城市边缘区研究出现了地理学和经济学的主张,英国学者Golledge强调地理空间形态特征研究在城市边缘区研究中的重要性,社会、经济、行政特征的研究都应建立在特定地理空间形态研究的基础上(Golledge,1960),同时,Conzen(1960)从城市经济发展的角度提出,城市边缘区是城市经济扩张的前线。随后,Wissink(1962)开始关注城市边缘区存在的问题,认为城市边缘区功能复杂、布局随机性高,是未经过系统化组织的"大变异区"(顾朝林等,1989)。1968年,城市边缘区概念趋于完善,被表述为城乡之间土地利用模式、人口特征、社会与经济的过渡地带,是城市与农业腹地之间,兼具城市与乡村特征的区域,人口密度高于乡村而低于城市(Pryor,1968)。城市边缘区被认为是城市新城的一种形态,是农村发展为城市的高级阶段,具有强烈的城市发展指向性(Whitehand,1988)。此后,城市边缘区研究从描述性研究转为问题型研究,诸如城乡二元结构下城市边缘区居民的生计与发展问题(Simon,2008)、生活品质与景观感知问题(Soini,et al.，2012；Vizzari，et al.，2015)、生态环境保护与可持续发展等问题(Bekessy，et al.，2012；Lange，et al.，2008)逐渐被学者们关注，丰富了城市边缘区概念的内涵。

可见，国外城市边缘区概念随着研究的深入和时代的变化不断演变，逐步成熟，由最初的空间形态特征描述逐步深入地理、社会、经济、自然环境等领域，城市边缘区作为存在于城市和乡村之间的一个新的空间概念备受关注，将城乡二元的空间结构转变为城市—边缘—乡村的三元空间结构，为国内城市边缘区研究奠定了良好基础。

城市边缘区概念在国内最先由顾朝林先生引入(1989)，认为城市边缘区是"位于城市建成区的外围，从社区类型看，它是从城市到乡村的过渡地带；从经济类型看，这一地域自然成为城市经济与乡村经济的渐变地带"(顾朝林，熊江波，1989)。1995年，顾先生补充了城市边缘区的自然内涵，将城市边缘区定义为城市扩展在农业土地上的反映，是城市中最具自然性的区域，兼具自然特性和社会特性(顾朝林，1995)。后续学者从行政管辖方式、产业结构和人口特征多个方面对城市边缘区进行了描述，认为城市边缘区：①必须是与城市相连的、兼具城市与乡村功能的区域，在行政上属于乡(镇)管辖；②在产业结构上非农产业占比较大；③人口密度低于城区而高于一般乡村(周捷，2007)。另外，还有学者从广义和狭义两个层面解析城市边缘区的概念(见图1-1)，广义上将城市边缘区概念范畴分为：城市郊区、市辖区和影响区。郊区是城市建设区毗邻的行政建设区，又分为近、中、远郊，越靠近城区，景观特征与生活方式越与城区趋同，是城市外延扩张目标区域，中郊为农村工业化地区，远郊则是以农村景观为主的城市农副产品供应区。市辖区是中心城区周边的区县行政单元，虽与主城也有密切联系，但通常不被看作郊区。影响区则是指中心城区规模辐射作用到其辖区以外的区域(翟国强，2007)。城市边缘区随着中心城市的规模辐射作用的强度变化以及城乡关系的演化，呈动态性变化，土地利用及绿地景观特征具有渐变性，在社会、经济方面具有复杂性(王思元，2012)。

国内对城市边缘区概念的研究虽起步较晚，但内涵覆盖较全面，学者们从不同角度提出了城市边缘区的不同概念,然而,由于我国城镇化进程加快,城市建设区呈快速扩张趋势,城市边缘区因此表现出很强的动态性,时至今日,仍无统一的概念,由此可以看出我国城市边缘区问题的复杂性。本书基于前人提出的城市边缘区概念,结合研究的主题,将文中涉及的城市边缘区概念确定为:城市与乡村之间的地域单元,城市建成区向乡村腹地过渡的区域,以城市建成区边界为内边界,以具有乡村特征的景观结构边缘为外边界,主要指狭义上的城市边缘区。

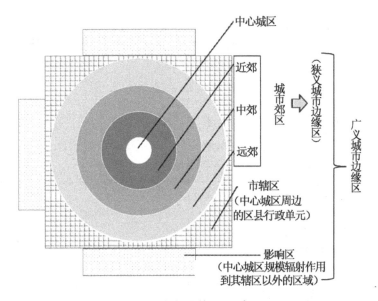

图 1-1　城市边缘区示意图

(二)城市边缘区的划定办法

确认城市中心区外边界和乡村腹地外边界是城市边缘区划定的核心内容。然而,由于城市边缘区兼具城市与乡村的特征,具有融合性、模糊性和复杂性,再加上城市边缘区的概念尚未达成统一,导致城市边缘区范围较难划定。并且,由于研究目的和研究对象不同,城市边缘区的划定方法多种多样。从目前已有的国内外研究来看,主要划定办法呈现出由最初的经验性定性判定转向定量划定的趋势(见表 1-1)。

表 1-1　城市边缘区划定方法

定性/定量	代表人物	划定方法	划定依据	方法局限
定性研究	弗里德曼（J. Friedman）	经验划定	人们日常通勤范围	随城市发展而有很大局限性
	严重敏、马晓	总结城市空间扩展规律	城市建成区半径	忽略了城市地域特征
	荣玥芳、王发曾	行政边界划定	城市行政边界和道路等	脱离城市发展现实，行政区域数据难以对应城市边缘区
	涂人猛、宋金平、崔功豪、周捷	总结城市空间扩展规律	案例研究	忽略了城市地域特征
定量研究	洛斯乌姆（L. H. Russwurm）、布理安特（C. B Bryant）	人口特征分析	非农业人口与农业人口之比	人口的流动性和复合性使之较难落地到空间
	康维斯（P. D. Convers）	交通断裂点界定法	交通可达性	单一指标无法全面诠释城市边缘区特征
	德赛（A. Desai）	综合指数分析	聚集度和郊区化指数	指标与模型的选择有很强的主观性，难以与同类型研究进行对比

续表

定性/定量	代表人物	划定方法	划定依据	方法局限
定量研究	顾朝林、丁金宏、陈田	五流分析法	人流、物流、技术协作、信息流和金融流	数据获取难度大,按行政区获取的数据难以与城市边缘区对应
	李世峰	综合模糊评定法	人口、用地景观、经济和社会方面选取指标	指标与模型的选择有很大的主观性,难以与同类型研究进行对比
	程连生、李灿、边振兴、章文波、方修琦	景观格局量化	遥感影像,景观紊乱度判别、景观格局指数分析,水平类、结构类、密度类、联系类和基础设施类数据的连续性分析	对遥感数据的精度与完整度要求较高
	王海鹰、穆晓东	模型模拟分析	空间聚类法,多因素指标体系结合数学模型界定	指标与模型的选择有很大主观性,难以与同类型研究进行对比

资料来源:作者根据参考文献整理。

1. 经验性定性判定

国外学者最初通过分析城市中心与边缘的关系来判定城市边缘区,如弗里德曼(J. Friedman)划定城市边缘区的依据是市民日常通勤范围,将城市建成区向外延伸的10～15 km划定为城市内边缘区,

25～50 km 范围划定为城市外边缘区。洛斯乌姆(L. H. Russwurm)直接将城市外围 10km 的环城带界定为城市边缘区,这种"一刀切"的划定方式显然无法适应城市复杂的发展模式。国内借鉴国外经验,以城市建成区半径为城市边缘区划定的依据,尝试界定我国城市边缘区的范围(严重敏,刘君德,1989),如西安(马晓,2015)。此外,国内有较多定性划定方式强调与行政边界(荣玥芳,等,2011)和道路等基础设施相联系(王发曾,唐乐乐,2009),还有学者通过经验判断结合案例研究划定城市边缘区范围(涂人猛,1990;周婕,2007;宋金平,李丽平,2000;崔功豪,武进,1990)。

2. 定量判定

从目前来说,定量判定是城市边缘区划定最主要的方式,现有研究可归纳为单要素量化分析、多要素量化分析、结合遥感影像的模型分析三类。

(1)单要素量化分析

国外最初城市边缘区定量划定方法,最常见的是分析人口要素,将非农人口与农业人口的比例变化进行空间可视化处理,以显现城市边缘区范围(L. Russwurm,1975;C. Bryant, L. Russwurm,1979)。此外,通过交通可达性分析,识别衰减区间的断裂点界定法在城市边缘区定量划定中也被广泛使用(李黎,2006)。再者,分析非农产业活动结构与空间布局及规律,也是城市边缘区单要素定量划定的常见方法(曹广忠,2009)。

(2)多要素量化分析

通过构建综合多要素的指标评价体系判定城市边缘区范围,已成为国内外主要的定量判定方法。其中,聚集度和郊区化指数的综合指数较早被提出(A. Desai,1987);由顾朝林、丁金宏、陈田等学者提出的"五流分析法"是国内城市边缘区多要素量化分析的代表,通过城乡之间人流、物流、技术协作、信息流和金融流的数据和空间分析来划定城市边缘区,理论通过广州市的实践分析,认为广州城市边缘区分为内、外两个部分,内缘区的土地极具城市指向性,正在向城市土地性质转变,而外缘区土地则以农业土地利用为主,但城市功能渗透明显(顾朝林,等,1993),这种定量划定方法对社会、经济数据依赖较大,而这类数据通常是以行政区划为统计范围,难以反映城市边缘区特性区域的状况,因此该划分方法难以准确与城市边缘区现实对应(李黎,2006)。模糊综合评价法则选择人口、用地、景观和社会经济方面的指标,对城市边缘区进行模糊判定(李世峰,白人朴,2005)。

(3)结合遥感影像的模型分析

基于遥感影响数据的景观格局量化分析,为城市边缘区定量划定提供了新的渠道,反映了土地利用类型多样性的景观紊乱度计算,成为被广泛使用的划定方法,利用城市和乡村不同的土地利用模式,识别城市与乡村的边界(程连生,1995;边振兴,2015)。景观破碎度、异质性、连续度等指标分析也被广泛应用于城市边缘区的特征识别中(章文波,等,1999;李灿,等,2013),空间聚类分析、层次分析、主成分分析等数理模型也常在城市边缘区空间特征分析中运用(王海鹰,等,2011)。以遥感数据为依据的景观格局分析和数理模型分析,能准确地呈现土地利用状况和景观特征,在城市边缘区识别与城乡空间特征研究中展现出广阔的应用前景。

城市边缘区划定方法从定性到定量的转变,以及从单要素分析到多要素综合分析再到基于遥感数据的数理模型分析的转变,标志着城市边缘区空间特征研究的逐步深化,同时说明城市边缘区空间特征研究涉及学科广泛、牵扯问题复杂,若想厘清其空间特征,则需借助成熟的空间分析理论及方法,透过表象分析本质,以便发挥城乡规划的主观能动性,在本质上做工作,从根本上解决城市边缘区所面临的问题。

二、城市绿色空间的概念解析

城乡建设过程对自然生态系统造成破坏,引起水土流失、空气污染、热岛效应等诸多生态失衡问题,绿色空间研究因此在城乡规划领域受到高度重视。

(一)城市绿色空间的概念

国内外对城市自然资源的保护和发展侧重各异,导致城市绿色空间概念存在较大差异。霍华德在其"田园城市"理论中,将绿色空间作为城乡协调发展的关键要素,作为骨架支撑起城乡空间格局,直接影响城市经济产业布局和社会生活组织(埃比尼泽·霍华德,2006),而1858年美国建立的纽约中央公园,作为第一个城市公园,首次探讨了城市中绿色空间发展的问题(董立东,2007)。随着"城市开敞空间"概念在1906年英国修编的《开敞空间法》中首次被明确(被定义为没有建筑物或是拥有少于5%建筑物,其余用地为公园、娱乐用地,或是未被利用的用地)(Turner,1992),绿地空间在城市发展中的协调作用被正式讨论。在19世纪末20世纪初的城市美化运动中,将对城市绿色空间的关注从单个公园拓展至城市的整体绿地系统,并将城市绿色空间与市民生活品质与身心健康相联系(Hickman,2013)。之后很长一段时间,经济发展成为城市发展的主要追求,绿色空间被迫让位于经济发展而被城市大量挤占,由此诸多弊端逐步显现,逐渐恶化的城市自然生态环境使人们重新反思绿色空间在城市发展过程中的协调作用(王雷,等,2012),绿色空间的概念研究随之不断深入。

一般来说,绿色空间不是孤立存在的,而是一个复合生态系统,以自然植被或人工植被的形式而存在,与生态过程维育、景观感知、市民休闲娱乐和身心健康有密切联系(李海波,杨岚孟,1999),城市中的绿色空间已经成为现代文明的标志和现代城市的象征(陈爽,张皓,2003)。有学者以城市地区覆盖着绿色植物的空间来定义城市绿色空间,认为其研究的对象是森林、草地、农田、灌木等绿色生态要素的总和(孟伟庆,等,2005)。也有人认为绿色空间是包含绿色植物和周围环境要素(光、土壤、水体、空气等)的地域空间,它们共同作用,发挥生命支撑、环境保护和社会服务等多重功能(常青,李双成,等,2007)。可见,由于研究方向和研究对象不同,城市绿地的概念内涵也不尽相同。

(二)城市绿色空间用地分类

从广义来看,城市绿色空间是指城市环境中出现的任何植被(Kabisch et al.,2013);可以是房前屋后私家花园,也可以是向公众开放的公园;可以是绿廊和自然保护区,也可以是绿道和防护绿带。从狭义来看,由于定义和分类依据不同,城市绿色空间用地分类各异。就构成要素角度而言,城市绿色空间可分为人工型、半自然型和自然型三种,人工型是指受人类干预强烈或是需要人类干预才能维系的绿色空间,如农业用地、园林绿地等;半自然型是指人类因为非生产性而开发的自然区域,如郊野公园、森林公园、防护林带等;自然型是指人类干扰少,以自然演替为主的自然区域,如自然保护区、难开发区等(常青,李双成,等,2007)。就功能角度而言,可分为保留型、保护型、服务型、环境型、文化型和生产型(Wang,2001)。

2018年施行的新《城市绿地分类标准》(CJJ/T 85—2017)是我国城市绿地规划设计和建设管理的主要行业标准,其将城市绿地分为五个大类,下设中类和小类若干(见表1-2)。公园绿地、防护绿地、广场绿地、附属绿地为城市建设区绿地大类,而区域绿地则是城市非建设区绿地大类,是指"城市建设区之外,具有城乡生态环境及自然资源和文化资源保护、游憩健身、安全防护隔离、物种保护、园林苗木生产等功能的绿地,不包括农地"。

表 1-2 城市绿地分类

大类	中类	小类
公园绿地	综合公园	—
	社区公园	—
	专类公园	动物园
		植物园
		历史名园
		遗址公园
		游乐公园
	游园	其他专类公园
防护绿地	—	—
广场绿地	—	—
附属绿地	居住用地附属绿地	—
	公共管理与公共服务设施用地附属绿地	—
	商业服务业设施用地附属绿地	—
	工业用地附属绿地	—
	物流仓储用地附属绿地	—
	道路与交通设施用地附属绿地	—
	公用设施用地附属绿地	—
区域绿地	风景游憩绿地	风景名胜区
		森林公园
		湿地公园
		郊野公园
		其他风景游憩绿地
	生态保育绿地	—
	区域设施防护绿地	—
	生产绿地	—

资料来源:《城市绿地分类标准》(CJJ/T 85—2017)。

《城市绿地分类标准》对城市绿色空间的分类主要是以用地功能为依据,绿地被认为是依附于城市建设用地而发挥特定的功能,忽略了绿色空间原生持有的生态维育、生物多样性维持等功能。

值得注意的是,区域绿地概念在新《城市绿地分类标准》中首次被提出,将建设用地内绿地与非建设用地内的绿地进行区分,强调了城市非建设用地内的绿地在协调城乡方面的多重作用(王俊祺,金云峰,2018)。区域绿地在城乡生态、生产、生活中的重要性逐步凸显,主要体现在以下几个方面,首先,绿色空间的空间范畴从城市建设区层面拓展到了城乡统筹层面;其次,城市边缘绿色空间的角色定位,从外围边界转变为发挥重要生态维育功能的绿色基础设施;再次,对绿色空间要素的理解从单一绿色空间转变成了山水林田湖草全生态要素的统筹,以及在功能内容方面,城市边缘绿色空间从简单的休闲游憩功能转变为综合绿地功能;最后,绿色空间的服务对象也从城区居民扩展成了城乡居民(木皓可,等,2019)。总之,城市边缘区绿地已被纳入了城市绿地的范畴,其重要性被全方位认知。

2020年,由国家自然资源部制定出台的《国土空间调查、规划、用途管制用地用海分类指南》(简称《指南》)是我国统一的国土空间用地用海分类,其整合了原来的《土地利用现状分类》《城市用地分类与规划建设用地标准》和《海域使用分类》,《指南》采用三级分类体系,其中涉及城市绿色空间的类别有农地、田园、林地、草地、湿地、绿地与开敞空间用地6个一级类,含24个二级类,不涉及三级类(见表1-3)。

表1-3　《国土空间调查、规划、用途管制用地用海分类指南》中的绿地分类

一级类	二级类	三级类
农地	水田	—
	水浇地	—
	旱地	—
田园	果园	—
	茶园	—
	橡胶园	—
	其他园地	—

续表

一级类	二级类	三级类
林地	乔木林地	—
	竹林地	—
	灌木林地	—
	其他林地	—
草地	天然牧草地	—
	人工牧草地	—
	其他草地	—
湿地	森林沼泽	—
	灌丛沼泽	—
	沼泽草地	—
	其他沼泽地	—
	沿海滩涂	—
	内陆滩涂	—
	红树林地	—
绿地与开敞空间用地	公园绿地	—
	防护绿地	—
	广场用地	—

资料来源:《国土空间调查、规划、用途管制用地用海分类指南》。

《指南》对绿色空间的分类主要是以土地覆被物为依据,并未以城市建设用地以内的绿色空间作为主要分类对象,而城市建设用地之外的绿色空间备受重视。城市非建设区涉及的绿色空间被划分为农地、田园、林地、草地、湿地五种绿色覆被物类型,以强调不同绿色覆被类型呈现不同的绿色空间特征、生态功能及社会经济价值。因此,在分析绿色空间时,十分有必要从覆被物类型的角度对绿色空间进行分类诠释,而非笼统地只强调平面空间和立体空间。

(三)城市绿色空间的相关研究

城市绿色空间的相关研究呈现多专业结合、跨学科研究的态势,目前的研究热点可以归纳为 7 个方向。

1. 城市绿色空间的生态系统服务功能研究

主要研究城市绿地空间景观格局及生态系统服务价值（刘颂，杨莹，2018），进行生态系统服务功能测算（胡忠秀，周忠学，2013；段彦博，等，2016），分析城市绿地空间生态系统服务功能与城市社会经济发展的关联性（岑晓腾，2016；吴蒙，2017）。

2. 城市绿色空间的公平性研究

一方面从绿地空间景观格局层面研究其可达性；另一方面研究绿色空间对不同人群的包容性和特定人群使用绿色空间的公平性（周兆森，林广思，2018）。

3. 城市绿色空间与公共健康的关系研究

主要研究城市绿色空间与公共健康之间的关联性（姚亚男，李树华，2018；孙佩锦，陆伟，2019），通过分析绿色空间影响公共健康的机制，探索利于公共健康的绿色空间设计策略与方法（余洋，2019）。

4. 城市绿色空间的环境研究

包括城市绿色空间的声环境对公众的影响研究（赵警卫，夏婷婷，2019；魏悦，2016）；城市光环境对城市绿色空间的影响研究（黄海，等，2008）和城市绿色空间对城市热环境的影响研究（李莹莹，等，2018；李小龙，等，2016）。

5. 城市绿色空间的文化服务功能研究

研究以城市绿色空间为载体的文化传播途径（吴承照，曾琳，2006）和城市绿地文化风貌营造技术与方法（王浩，王亚军，2007），探讨城市绿色空间的文化服务价值及价值评价方式（李想，等，2019；李凯，等，2019）。

6. 城市绿色空间服务绩效研究

推导城市绿色空间服务绩效评价方式，研究城市绿色空间服务绩效与城市空间格局的相关性（朱古月，潘宜，2020），探索基于城市绿色空间服务绩效提升的城市空间格局优化路径（陈玮珍，2015）。

7. 城市绿色空间的适灾性研究

主要研究城市绿色空间应对地震、洪灾等自然灾害的能力、潜力及应用途径,探讨城市绿色空间在提升城市韧性方面的贡献(赵娟,等,2021)。

城市绿色空间的前沿研究呈百花齐放的繁华态势(见图1-2),且多侧重于绿色空间对城市的服务价值的研究和服务效率提升途径研究,但若要充分、合理、可持续地利用城市绿色空间,则需全面研究其内在特征、绿色空间格局、城市土地利用格局及功能的内在关联。

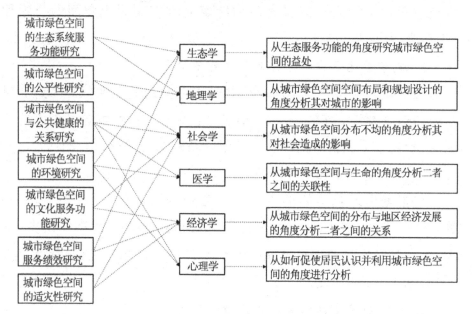

图1-2 绿色空间相关研究方向

三、城市边缘区绿色空间的概念内涵

基于前文对城市边缘区和城市绿色空间的概念界定,城市边缘区绿色空间则是城市边缘区研究与城市绿色空间研究的交叉,从绿色空间的视角去辨析城市边缘区的空间特征。笔者从概念定义、研究内容、属性与功能和相关研究四个方面解析城市边缘区绿色空间的概念内涵。

(一)城市边缘区绿色空间的概念定义

城市边缘区绿色空间是城市建成区与周边农业用地和广阔自然本底的交错渐变区,是介于城市与乡村之间的复合生态系统,具备自然生态效应的同时兼具社会人文效应和经济产业效应。目前并没有对城市边缘区绿色空间专门的定义,但结合景观生态学理论,城市边缘区绿色空间可被定义为:在城市建成区外围,由绿色植被与其周围的环境要素(光、水、土、气)共同构成的自然、半自然或人工空间,具有较高的社会、经济、生态和美学价值,其空间形态既受人类活动的影响,又受自然条件的制约,承担着生态系统服务功能传递、社会空间融合、绿色产业发展等维系城市可持续发展的功能(王思元,2012)。

(二)城市边缘区绿色空间的研究内容

从构成要素来看,城市边缘区绿色空间的研究内容既包括地形地貌,也包括地面由农田、草地、林地等绿色斑块组成的实体空间,还包括人类在绿色实体空间中所从事的居住、游憩、种植、经营等生活、生产活动。可见,城市边缘区绿色生态空间是一个综合人居生态系统。从人居生态系统层面来看,城市边缘区绿色空间的研究内容又可分为:宏观层面上的自然斑块和人工斑块基底;中观层面上的不同景观斑块的用地性质及其空间表现;微观层面上则是绿地斑块中主体的诉求,包括功能使用诉求、社会人文表现诉求、公益价值诉求、自然生态效应等(龙燕,2014)。

虽然不同构成要素和空间层面下,城市边缘区绿色空间的研究内容各有差异,但人类皆是核心主体,以人类活动与城市边缘区绿色空间的互动关系为线索,是探究城市边缘区绿色空间特征的可行途径。

(三)城市边缘区绿色空间的属性与功能

城市边缘区绿色空间的属性包括生态性、社会人文性、经济性、动态复杂性和系统性。

1. 生态性

城市边缘区绿地与城市建设区构成图底关系，承担着为城市传送生态系统服务的功能，城市边缘区绿地空间的根本使命是协调人与自然的关系，为城市的健康可持续发展做出贡献，因此，其极具生态性。

2. 社会人文性

城市边缘区作为介于城乡之间的独立地域单元，兼具城市与乡村的空间特征，其间的绿色空间同样具有双重的社会人文特征，作为城市休闲游憩、科普公益目的地的同时，也是乡村特色景观、宗教习俗的重要载体，因此，极富社会人文性。

3. 经济性

城市边缘区绿色空间在城乡经济产业布局中至关重要。由于其优越的区位条件，是城市工业、加工业等的重要安置地；同时，城市边缘区绿色空间是乡村重要的农业产业载体和物质资源来源，因此，极具经济性。

4. 动态复杂性和系统性

城市边缘区作为城乡过渡区，受城镇化进程的影响，空间形态与功能布局持续变化，对其绿色空间的特征分析造成极大困难，极具复杂性。另外，城市边缘区绿地空间是人类生产、生活的重要承载空间，是自然生态系统、社会生态系统和经济生态系统叠加的复合生态系统，具有系统性。

城市边缘区绿色空间包括维持城市内部及边缘区生态平衡的功能、城市与自然的生态系统服务传输功能、抑制城市无序扩张的功能、城市农副产品供给功能、旅游产业与公益功能、社会文化承载功能。

1. 维持城市内部及边缘区生态平衡的功能

城市边缘区绿色空间内分布了大量的自然资源，如湿地、林地、湖泊、河流等,其构建的绿色空间系统是城市的生态保护屏障,可通过净化空气、净化水体、消解污染物等方式抑制城市发展带来的污染,通过调节城市周边气候、涵养水源等方式来缓解城市的生态压力,维持城乡生态平衡,是城市边缘区绿色空间的首要功能。

2. 城市与自然的生态系统服务传输功能

城市的建设与可持续发展依赖自然的物质资料供给与自然生态安全保驾护航,而城市与自然的交互过程是通过一系列的物质流与能量流来完成的,如从自然向城市输送新鲜氧气的气体流、动植物在城市、乡村、自然之间迁徙及物种传播的流动、城市向自然排放的污染流、城市热量在自然消解的能量流等。城市边缘区绿色空间无疑是完成这一系列物能流的绝佳通道,是实现人与自然和谐发展的不可或缺的空间载体。

3. 抑制城市无序扩张的功能

在城市问题频发的时代背景下,国内外城市建设理论与实践中,城市边缘区绿色空间常被当作抑制城市无序扩张的工具,如霍华德的"田园城市"理论和英国伦敦的城市绿环建设(马明菲,2011),在国内,北京、上海、成都等城市都率先进行了环城绿带建设(王旭东,2014),证明当城市边缘区绿色空间达到一定规模时,对城市蔓延具有有效的抑制作用。

4. 城市农副产品供给功能

城市边缘区绿色空间内承载了大量农地、园地、养殖场所等,是城市发展的物资和能源采集地,承担着为城市提供新鲜农副产品的功能,被人们赞誉为城市的"菜篮子"。

5. 旅游产业与公益功能

相较于城市内部的绿色空间,城市边缘区绿色空间更具野趣,天然的自然景观和便捷的区位优势,使其成为市民短途旅行、观光休闲的绝佳之选,带动了城市旅游产业的繁荣,农业观光、农事和民俗体验成为城市边缘区休闲旅游的特色项目。同时,在休闲旅游业的触发下,城市边缘区绿色空间还发挥出农业示范、自然科普、传统文化教育等公益功能。

6. 社会文化承载功能

城市边缘区的城乡二元特征,使其具有浓郁的乡村文化底蕴,承载了丰富的乡村人文风俗。同时,许多文人古迹、古建遗产、传统村落坐落于城市边缘区,为其增添了更加多元的文化,这些文化的存在并非孤立的,而是与绿色空间及环境共同构成的,这说明城市边缘区绿色空间的社会文化承载功能。

(四)城市边缘区绿色空间的相关研究

城市边缘区绿色空间的研究是生态学、景观生态学、经济学、地理学、社会学、人文学等学科中相关理论的整合与创新。国内外对城市边缘区绿色空间的研究各有侧重。

1. 国外城市边缘区绿色空间相关研究

(1)农业区位论与城市边缘区绿色空间

国外对城市边缘区绿色空间的研究可追溯到1826年德国经济学家杜能的著作《孤立国》,该书从市场孤立化和自然资源均质化假设出发,探讨农业布局特征与区位地租空间演变特征,得出农产品围绕市场呈环状递变的理论模式(约翰·冯·杜能,1986)。在这样的假设条件下,城市作为唯一的农产品销售市场,城市外围的农产品种植皆以城市市场的供给需求为主导,本书所指的城市边缘区所对应的农业耕作区,一方面是一年多季且耕作形式灵活的自由农作区,以种植蔬菜瓜果等新鲜时蔬为主;另一方面是兼具林下经济、林业生产和休闲的林业区。这两类农作区对人工干预的依赖程度最高,体现出城市边缘区农地与人的交互关系最为复杂(张明龙,等,2014)(见图1-3)。

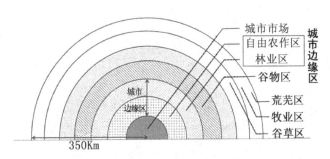

图1-3　杜能农业区位论中的城市边缘区绿色空间

（2）田园城市与城市边缘区绿色空间

田园城市理论描绘了城市边缘区绿色空间的理想模式，将城市内部与城市边缘的绿色空间做了明确的功能区分（见图1-4）。市内部的绿色空间主要是服务于市民休闲游憩的专门公园，或是兼具公园功能的公共服务设施的附属绿地。城市外围绿色空间则是广大的农业用地，便利的交通使其承担着为城市供应新鲜蔬果、牛奶、木材燃料等功能，另外，城市边缘的绿色空间还分散布置着众多社会福利机构，是城市公益服务的重要承载地。田园城市理论还将城市铁路交通设施环形地布置于城市边缘区绿地中，以缓解城市内部交通拥堵。此外，城市边缘区绿色空间还作为制约城市无限制蔓延的工具，通过立法保护绿色空间的方式，限制城市建设活动和城市内部物质的侵入（埃比尼泽·霍华德，2006）。因此，在田园城市理论中，城市边缘区绿色空间作为独立的永久开放土地带的同时，也是城市不可或缺的组成部分，包含农地、林地等人工或自然景观要素，也包含城市福利机构和交通设施等。

（3）英国伦敦——城市边缘区绿色空间管控的国际范例

被定义为"环绕城市建设区的乡村开敞地带"的环城绿带（Office of the Deputy Prime Minister，1995），是城市边缘区绿色空间涵盖范围，早在19世纪，国外就兴起了城市绿带的规划实践，以英国伦敦的绿带建设最具代表性。伦敦绿带形成于16世纪，宽度约为4.8km，起到防止传染病和瘟疫蔓延的作用，在1927年的大伦敦区域规划中

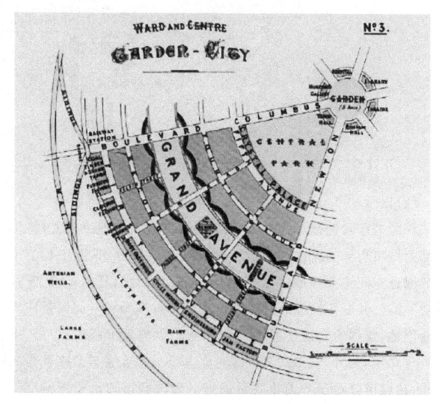

图 1-4　田园城市理论的分区

提出在城市边缘建设绿带的思路,1935 年大伦敦规划委员会提出城市外围绿带应当具备为人们提供休闲游憩场所的功能,丰富了绿带的内涵,随后 1938 年《绿带法案》通过,伦敦绿带规模开始逐步扩大,在 1944 年的大伦敦规划编制中,绿带宽度被扩宽至 11～16km,绿带内严格控制开发,而绿带之外是农业环,规划通过卫星城来疏解大伦敦的企业和人口(Marco Amati,2005;杨小鹏,2010)。

1976 年以后,伦敦开始以绿带为基础,构建城市绿色空间网络。通过在城市内部及边缘区建设带状绿地,联结城市内外绿色空间,以提升城市绿色空间的生态系统服务价值与休闲游憩价值,这类带状绿地被称为"绿链"或"绿廊"。此外,伦敦政府还规定,为维系城市生物多样性,以及为动植物提供良好的生境与迁徙通道,伦敦每相邻 2～3 个区需合力建设一个较大规模的区级生态公园,同时兼顾休闲游憩和科普教育功能。直至 1991 年,大伦敦议会和非政府组织联合提出构建大伦敦绿色网络系统的提议,由都市开敞空间、绿带、绿廊和绿链共同构成的大伦敦绿色网络系统,联结起城市中心区与边缘区,形成了大伦敦 2/3 的土地为绿色空间的格局(王思元,2012)。以城市边缘区绿色空间为基础的大伦敦绿色空间网络体系,在制约城市蔓延、保护自然生态过程、消解城市环境压力和改善市民生活品质方面取得了有目共睹的成绩,被全球纷纷效仿。

(4)美国波特兰市——城市边缘区绿色空间管控的探路者

19 世纪后,美国在城镇化和郊区化的共同作用下,城市边缘区绿色空间被严重侵占,以农地被掠夺得最多,直接破坏了城市边缘区的可持续发展,促使美国联邦、州和政府出台了一系列绿色空间保护法规,对城市边缘区农地和旷野实施保护。俄勒冈州波特兰市是美国城市边缘区绿色空间保护规划与实施的典范,1973 年俄勒冈州通过了《波特兰市城市扩展边界》,并于 1979 年正式施行,该土地利用规划法是以保护城市边缘区农地为目标,对制约城市扩张起到很大作用,大大减缓了城市建设区面积的扩大(王思元,2012)。1995 年,波特兰区域政府出台了《区域 2014》,对波特兰区域进行了系统性的控制性规划,主要包括:推行以轨道交通与公共交通为依托的集中式开发模式,提倡集约式城市建设,减少城市对绿色空间的侵占;划定城市建成区外围的乡村保护区边界;划定城市边界内的永久绿色空间保护范围,并投入大量经费(1.35 亿美元)用于保护绿化带;增加现有社区的居住密度,并减少户均占地面积;加强城市之间的合作,协同解决好共同问题;对土地利用、交通、绿地等问题进行综合考虑(王旭)。此外,波特兰政府还出台了如生态走廊规划、绿道规划、水域规划、文娱走廊规划等专项规划,将城市边缘区绿色生境与城市内部绿色空间联结,完善邻里绿道,整合城市边缘区旅游、文化资源,促进城市与自然和健康发展。波特兰城市规划的绩效,离不开政府的严格执行和公众的广泛支持与参与。

波特兰城市的实践证明,城市边缘区绿色空间的保护与规划研究不是孤立的,而是与城市交通系统、产业布局、土地利用、旅游规划、社会生活等系统相辅相成,城市边缘区绿色空间特征也是广泛而复杂综合的。正因如此,城市边缘区绿色空间的管控难度巨大,韩国首尔市和日本东京市的城市边缘区绿色空间管控就经历了巨大压力。

(5)韩国首尔市——开发压力与城市边缘区绿色空间管控的博弈

20世纪中叶,韩国在快速城镇化的拉动下,城市出现了交通拥堵、环境恶化、城市无序蔓延和住房危机等问题,促使政府不得不考虑通过绿带限制城市无序扩展。1971年,首尔市正式划定面积为1567km²的大都市区绿带,严格限制绿带内的建设活动,仅有公共建设项目和既有建筑改造能够得到允许。然而在20世纪末新一轮的经济增长情况下,城市扩张的压力持续升高,城市住房危机愈演愈烈,政府迫于压力,1994年通过细化用地类型的方式,增设"半城市地区"和"半农业(林业)地区"用地类型,放宽对绿色空间的管控。随之而来的是此类用地内建设活动的兴起,并超出了划定的边界,这引发了被严格限制建设活动的绿带内土地所有者的不满。1998年,韩国建立绿带体系改革委员会(由规划部门、媒体记者、政府官员和环境组织代表等组成),通过广泛征求公众意见,提出解决绿带问题的对策。2000年,韩国颁布了《绿带地区法》,其中赋予了绿地内土地所有者因开发受限而获取补偿的权利,同时根据环境评价和保护价值评价的结果,从绿带内再释放出一部分用地(约136km²,占总绿带面积的9%),用于缓解城市住房压力和满足产业发展需求(文萍,等,2015)。

(6)日本东京市——未能实现的城市边缘区绿色空间管控理想

日本东京市早在20世纪30年代便提出了保护城市边缘农业用地的规划理念,1939年通过出台《东京绿色空间规划》在东京市外围划定了宽1~3km的绿带,绿带内包括大量受保护的农业用地,另外还有城市公园、林荫大道等。但由于未充分考虑绿带内土地所有者权益的保障问题,该规划未能付诸实践。随后 1946 年出台的《特殊城市规划法》尝试建立区域绿色空间规划体系,通过成立东京区域规划委员会来推进绿带划定工作,由于该规划法未被赋予强制执行力,绿带划定工作受到绿带内土地所有者的强烈反对,规划不但未得实施,反而触发了绿带内建设活动,到 1955 年绿带面积减少了 29.5%(由 140 km² 减少至 98.7 km²)。

1956 年出台的《国家首都圈整备法》,再次提出在东京市建成区外围划定宽为 5~10km 的绿带来制约城市蔓延,并通过在绿带外围设立卫星城的方式缓解城市开发压力和住房危机。该项计划同样缺少针对土地所有制损失的赔偿机制,因此受到土地所有者和地方政府的强烈反对,在反对声中,部分土地所有者还争取到了 20%~30% 的开发权,而中央政府为达成经济发展目标,批准了东京绿带内的多摩新城选址,绿带保护工作再次被搁浅,直至 1965 年《国家首都圈整备法》修订时,城郊绿带被调整为基础设施带,再次放宽了东京城市边缘区绿色空间的开发权(Watanabe, et al., 2008)。直至今天,东京市城市边缘区的绿色空间仅剩少量城市公园与都市农业用地,镶嵌在已经完全演变为城市用地的城市边缘区内。

总结上述国外城市边缘区绿色空间的相关理论与实践,不难看出,城市边缘区绿色空间的农地,因优越的区位条件,发挥着为城市供应新鲜食物的关键作用,同时是制约城市蔓延、提升人居环境品质、疏解城市环境压力、保障城市可持续发展的重要工具,可见,城市边缘区绿色空间具备多重特征。国外多个城市通过绿带划定与管控来实现城市边缘区绿色空间的保护,实践效果各有不同(见表 1-4),为城市边缘区绿色空间内在特征分析提供了不同视角。然而,城市边缘区绿色空间包含却不限于绿带范围,绿带之外的乡村与自然腹地为城市复合生态系统提供支撑,是城市可持续发展的重要一环,其绿色空间特征也需被充分认知。

表 1-4　国外城市边缘区绿色空间管控实践总结

国家与城市	起始年代	保护方式	管控形态	法律法规保障	绿色空间内容
英国伦敦	1935 年	限制城市外围环状绿带内建设活动	片＋带＋放射＋环状	《绿带法案》、大伦敦议会和非政府组织联合提出的构建大伦敦绿色网络系统计划	林地、牧场、乡村、公园、果园、农田、室外娱乐、教育、科研和自然公园等
美国波特兰	1973 年	划定城市扩展边界	片＋带＋放射＋环状	《波特兰市城市扩展边界》《区域 2014》	林地、牧场、乡村、园地、农田、文娱、自然生境、科研教育等
韩国首尔	1971 年	限制城市外围环状绿带内建设活动	片＋环状	《绿带地区法》	林地、农田和森林公园等
日本东京	1939 年	限制城市外围环状绿带内建设活动	片＋环状	《东京绿色空间规划》《特殊城市规划法》《国家首都圈整备法》	公园、农地

资料来源：作者梳理。

2. 国内城市边缘区绿色空间相关研究

（1）边缘效应与城市边缘区绿色空间

"边缘效应"是源自生态学的概念，其定义是"由于交错区生境条件的特殊性、异质性和不稳定性，使毗邻群落的生物可能聚集在这一生境重叠的交错区域中，不但增加了交错区中物种的多样性和种群密度，而且增大了某些生物种的活动强度和生产力，这一现象称为边缘效应"（赵志模，郭依泉，1990），或者说是"缀块边缘部分由于受外围环境影响而表现出与缀块中心部分不同的生态学特征的现象"
(Dramstad, et al., 1996)。而极具边缘效应的缀块边缘常被认为比
缀块核心更具物种丰度、活力与生产力。

国内学者将生态学的"边缘效应"概念引入城市边缘区研究中,
认为在城市中,相邻具有一定宽度的地块,其边缘直接受到边缘效应
作用的过渡地带称为边缘区(邢忠,2001)。而城市中"异质空间交界
的边缘地带,由于相关功能因子的互补性会聚,产生超越分异空间单
独功能叠加之和的关联复合功能,赋予边缘空间乃至相邻腹地空间
特殊功效与综合效益的现象,称为城市空间中的边缘效应"(邢忠,
2000)。城镇建设中的边缘区具有空间层次性,可以是区域层面下的
地形地貌交错带、江河湖海沿岸、流域沿边地带等;也可以是城镇空
间层面的城镇分隔带、城市内外边缘、建设用地之间的绿色交接空间
等(邢忠,2001)。因此,在边缘效应作用下的城市边缘区不应是城市
的终点,而是城市新的生长点,是文化多元、产业兴盛、生态资源丰
富、极富活力的城市区域,在城市建设与城市生态保护中应当受到
重视。

然而,边缘效应有正负之分,城市边缘区是边缘正效应的直接受
益区,比如区位优势带动下的产业聚集、人口转移和通勤下的社会活
力、城乡交融下的纷繁文化等;城市边缘区也是边缘负效应的直接承
受地,比如沦为城市污染物的排放地、城市人口压力的疏解地等(邢
忠,王琦,2005)。

城市边缘区绿色空间在边缘正效应下呈现异质性高、文化内涵
丰富、功能多样的特征,而边缘负效应下的城市边缘区绿色空间则呈
现出景观破碎化、环境污染严重、生态系统服务功能低下、生态过程
难持续等问题(见图1-5、图1-6)。因此,厘清城市边缘区绿色空间特
征对突出和发扬边缘正效应、规避和削弱边缘负效应有积极意义。

图 1-5   贵阳市城市边缘区环境污染现状

图 1-6   贵阳市城市边缘区因开垦和弃耕造成的山地破坏现状

(2)农业—自然公园——城市边缘区绿色空间的共享契机

位于城乡交错带的城市边缘区,具有城乡混合性和复杂性,城市或者乡村的专类规划都难以全面应对,现有规划体系又常常将此区域内的绿色空间遗漏。农业—自然公园的规划理念是通过厘清城市边缘区绿色空间的共性问题,通过特征与功能分析,采用共谋、共建、共享的规划手段,在解决边缘区绿色空间问题的基础上进行公园化环境创造和农业用地景观化塑造,提升城市边缘区绿色空间的利用实效,改善城市边缘区绿色空间用地功能单一的现状(汤西子,2018)。

城乡共享的农业—自然公园的城市边缘区绿色空间规划布局技术路线包括用地选择及城乡共享功能复合、农业—自然公园空间组织与布局、城乡共享产业经济与社会环境功能植入三大步骤(邢忠,等,2018),并提出了详细技术步骤(见图1-7),为城市边缘区绿色空间规划和管控技术提供了新的思路,尝试通过将控制开发量以达到城市边缘区绿色空间续存的单一路径扭转为复合功能叠加的城市边缘区绿色空间保护和利用路径。

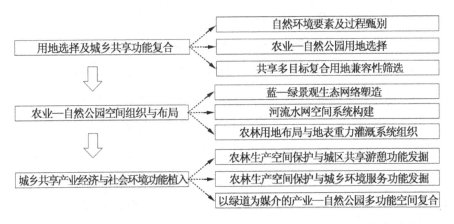

图 1-7 农业—自然公园的城市边缘区绿色空间规划布局技术路线

(3)北京—城市边缘双重绿色隔离带控制城市格局

国内对城市边缘区绿色空间实施管控较早的城市是北京。早在1982年,北京市就通过《北京城市建设总体规划方案》确定了城市分散集团式的布局原则,以老城区为核心,在城市边缘设置了10个城市生长点,其间有宽 2 km 左右的绿色空间作为隔离带。随后在 1993 年出台的《城市总体规划(1993—2010 年)》和政府"7 号文件"加速了绿色隔离带的建设,该城市边缘绿色隔离空间涉及 6 个区、26 个乡镇和 4 个农场,其中绿色空间占比达 51.8%,奠定了北京市边缘绿色空间的格局。

2002 年,北京市规划了第二道环城绿带,作为控制城市蔓延的生态屏障,将城市内外绿色空间有效衔接,同时与第一道环城绿带衔接。随后在 2007 年编制了《北京市绿地系统规划》专项规划,加速推进第二道环城绿带建设,同时规划了 10 条楔形绿地,作为两道绿带的联通渠道,促使全市域范围内的绿色空间骨架成形(闫希莹,杨保军,2003)。

北京市城市边缘绿色空间对城市格局维持起到至关重要的作用,逐步形成的绿色空间网络体系是北京"生态园林城市"建设目标具体落地,同时疏解城市建设和发展带来的生态环境问题。两道绿色隔离带内涉及的城镇与乡村众多,绿带建设只有成为城乡建设的共同意志才能持续维系下去。

(4)上海—城市边缘区绿色空间保护的全面实践

1992 年,上海提出了建设环城绿带的设想,1994 年发布了《二十一世纪上海环城绿带建设研究报告》,随后出台的《上海城市环城绿带规划》详细地界定了绿带的范围、形式、管控方式等(李雪松,2008)。规划规定绿带环中心城区宽 500m 以上,长约 98km,绿带由两个部分组成,第一部分是由沿路外侧建设的宽 100m 的乔木林带和林带外围宽 400m 的绿地共同组成,绿地内主要是经调整后的农业产业(如苗圃、休闲农业等)和综合开发项目(如陵园、纪念林地、疗养院等);第二部分则是专类公园(森林公园、动物园、植物园等)和文娱设施(高尔夫球场、游乐园、赛马场等)(吴国强,余思澄,2001)。此外,上海政府还制定了多种资金筹措机制和配套政策,以补给绿带建设所需的巨额费用,例如,政策扶持、指标分解、市里补贴、区县包干、招商引资、多方参与等,为环城绿带的建设和养护提供了可持续的经费支持(鹿金东,等,1999)。

3. 国内外城市边缘区绿色空间相关研究评述

通过对国内外城市边缘区绿色空间相关研究的系统梳理,审视现有研究的成就与不足,总结如下:

(1)城市边缘区绿色空间研究是以相对稳定的城市空间结构为基础

国内外城市边缘区绿色空间的研究都是城市发展到一定阶段后的产物,付诸实践的城市大多都经历了工业化转型。

(2)城市边缘区绿色空间研究的动力多源自应对城市发展带来的负面问题

城市边缘区绿色空间研究主要应对的是城市无序蔓延、城市空间格局失控、城市生态环境恶化等问题。以此为出发点,开始出现提升边缘区绿色空间利用实效的相关理论与技术方法研究。

(3)现有实例研究多为大规模城市

边缘区绿色空间研究多针对大型或大型以上城市,导致城市边缘区绿色空间所应对的问题多与大规模城市密切相关。然而,中小型城市边缘区绿色空间问题更具个性化特征,在相关研究中受到忽视。

(4)国内外城市边缘区绿色空间的研究都极具复杂性

城市边缘区的城乡融合性注定了其绿色空间面临的问题和应对的问题都极具复杂性,绝不是绿色空间本身建设这么简单,其内部涉及城乡社会问题、城市经济可持续发展问题、人文资源续存问题、土地资源征用等。

(5)国内外城市边缘区绿色空间的研究范围存在巨大差异

相较而言,国外对城市边缘区绿色空间的研究范围要广得多,宽度为 10km 以上,而国内研究的尺度为 0.5～1km。根据生态学原理,绿色空间需具备一定的宽度和规模才能发挥生态系统服务功能,宽度小的绿色空间并不足以支撑动植物的物质、能量流动,对保护和缓解城市生态问题的贡献也会收效甚微。因此,国内城市边缘区绿色空间的研究还有很大的空间。

总的来说,国内外城市边缘区绿色空间研究已取得丰硕成果,为进一步研究奠定了基础,而我国幅员辽阔,城市各有差异,亟须系统梳理城市边缘区绿色空间特征,厘清城市边缘区所具备的共性特征和面临的共性问题,以探索城市边缘区绿色空间更有效的建设和管控之路。

小结:

首先,本章从城镇区域空间层面、城市边缘空间层面和人的自我实现层面梳理了城乡建设中出现的绿地争夺问题,得出城镇化作用下绿色空间被大量掠夺,城市边缘区绿色空间格局变化最为剧烈,亟须全面认识城市边缘区绿色空间的特征与演变机制,为协调城乡可持续发展、科学配置土地资源提供依据的结论。

通过梳理国内外城市边缘区和城市绿色空间的概念定义,本章将城市边缘区的概念确定为:城市与乡村之间的地域单元,城市建成区向乡村腹地过渡的区域,以城市建成区边界为内边界,以具有乡村特征的景观结构边缘为外边界,并从定性判定和定量判定两个方面介绍了国内外城市边缘区的界定方式。

其次,本章介绍了城市绿色空间的用地分类现状,从 7 个方面梳理了城市绿色空间的相关研究,分别为:城市绿色空间的生态系统服务功能研究、城市绿色空间的公平性研究、城市绿色空间与公共健康的关系研究、城市绿色空间的环境研究、城市绿色空间的文化服务功能研究、城市绿色空间服务绩效研究、城市绿色空间的适灾性研究。

最后,本章对城市边缘区绿色空间进行了概念界定,将其定义为:在城市建成区外围,由绿色植被与其周围的环境要素(光、水、土、气)共同构成的自然、半自然或人工空间,并强调了人类活动与城市边缘区绿色空间的互动关系是城市边缘区绿色空间的重要研究内容。城市边缘区绿色空间具有生态性、社会人文性、经济性、复杂性和系统性的多重属性,还具有维持城市内部及边缘区生态平衡的功能、城市与自然的生态系统服务传输功能、抑制城市无序扩张的功能、城市农副产品供给功能、旅游产业与公益功能、社会文化承载功能等多种功能。通过系统梳理国内外多城市边缘区绿色空间的理论与实践研究,总结了现有研究的成就与不足,分别为:城市边缘区绿色空间研究是以相对稳定的城市空间结构为基础;城市边缘区绿色空间研究的动力多源自应对城市发展带来的负面问题;现有实例研究多为大规模城市;国内外城市边缘区绿色空间的研究都极具复杂性;国内外城市边缘区绿色空间的研究范围存在巨大差异。

第二章

空间生产理论在城市边缘区绿色空间研究中的适用性

亨利·列斐伏尔（Henri Lefebvre）大部分的时间生活在城市，但他的研究始终围绕着乡村问题，他的思绪徘徊在城乡边缘，对城市边缘的事物和边缘空间保持着持续的关注，因此，列斐伏尔的研究极具城乡社会空间特征。他提出的空间生产理论为城市边缘区绿色空间研究提供了一个全新的视角，这一理论是马克思主义社会批判研究的"空间转向"，适用于我国国情和城乡建设与发展的特征。

空间生产理论是亨利·列斐伏尔在特定时代背景下，以景观社会批判的社会学分析为方法工具，通过大量社会调研提出的，是对空间的生产过程进行的多个维度的批判。空间生产理论衍生出多个创新性理论，其中最具代表性的包括"资本三级循环""空间正义""空间生产权利逻辑"等。就分析方法而言，空间生产理论创新性地提出了"空间三元论"（物质空间、精神空间、社会空间）和"概念三元组"模型（空间实践、空间表征和表征空间），将空间分解为多个维度，并将空间与日常生活社会网络进行了对应联系。

空间生产的批判主题和对空间属性的创新性划分，为城市边缘区绿色空间的研究提出了新的方向，不仅拓宽了研究视野，还完善了研究维度，同时为城市边缘区绿色空间研究提供了新的研究方法与工具。

西方对空间生产的研究有较深厚的基础,为国内空间生产研究提供了强有力的支撑。国内空间生产研究虽然起步晚,但是积累了大量的理论与实践研究成果,为空间生产理论在城市边缘区绿色空间中的扩展做好了准备。将空间生产理论应用于城市边缘区绿色空间研究是中国新型城镇化的时代需求。

城市边缘区是城市范围内城镇化运动极为剧烈的区域,因此是空间生产活动密集发生地,空间生产活动改造着城市边缘区城乡居民的日常生活,绿色空间同样经历着巨大变化,空间生产理论的研究视角和研究方法对城市边缘区绿色空间的研究具有极高的适用性,为城市边缘区绿色空间研究打开了更加广阔的视域。

第一节　空间生产理论介绍

空间生产理论是由法国学者亨利·列斐伏尔在长期的城市研究积累下,于其晚年提出城市研究理论,记载于其最后一部著作《空间的生产》(1975)中,该理论系统地分析了社会与空间的关系,极富开创性和想象力,在城市研究与地理学界享有极高的学术荣誉。

一、空间生产理论的时代背景

空间生产理论是特定时代背景下的产物。全球工业化的推动下,城市如春笋般涌现,随着生产工具的不断改进和市场经济在全球的推广,城市全球化运动迅速蔓延,导致全球性城市问题的大量爆发。城市对资本增值的追求忽略了城乡自然生态环境的可持续发展,直接引发城市生态环境问题。在工业化进程的推动下,城市空间格局不断调整,城市资本倾注的对象从工业生产的实业转向金融与房地产的投机,城市原本多样化的空间形态在全球化的侵蚀下逐渐消失,取而代之的是千城一面的城市景象。而资本驱使的城市空间形态演变促使城乡贫富差距逐步增大,人们不得不为争取更高的居住权而斗争,埋下了社会矛盾的隐患。在城市空间格局优化、地域文化保护与传承、城乡产业合理布局以及社会矛盾调和方面起到很大作用,但地域特色缺失、城市生态环境恶化、城乡对立与贫富差距的局面尚未得到彻底解决。可见,城市空间的生产与经济、社会、生态以及政治意识形态都密切相关,而城市空间的全球化趋势所产生的诸多城市问题为城市研究提供了新的素材,这类问题需要新的空间分析理论做出回应,列斐伏尔的空间生产理论聚焦城乡差异问题和城市空间异化问题,从空间与社会、政治、经济和生态的关系的维度,对城市空间进行诠释,是具有时代精神的城市空间研究理论。

二、空间生产理论的渊源

在时代背景的影响下,列斐伏尔将社会生活批判向空间生产过程分析转换,其空间生产理论是在诸多思想的共同影响下总结得出的。首先,列斐伏尔的城市研究直接受马克思社会空间批判思路的引导,从日常生活的范畴对空间生产的过程进行剖析和批判;其次,借助社会学、景观学和美学的分析方法,分析空间生产的过程,作为批判的佐证。因此,虽然列斐伏尔的空间生产理论具有开创意义,但并非凭空而来,而是建立在诸多理论和学科研究的基础上,在特定时代背景下积累得到的必然结果。

(一)日常生活批判向空间的转向

列斐伏尔的空间生产理论将海德格尔的日常生活范畴(马丁·海德格尔,2006)引入马克思的社会空间批判思想,通过日常生活批判向空间的转向,关注空间中的个体日常生活。日常生活批判是列斐伏尔理论思想的核心内容,列斐伏尔指出,个体的日常生活是独立于政治与经济之外的,属于个人的个体领域,它既不是上层建筑也不是经济基础,而是独立存在的平庸、微观、重复的场所。日常生活由个体一系列的实践活动组成,虽然平庸重复,但极具动态和活力,人们在日常生活中展现了生产活动和社会关系,同时展现了自己和塑造了自己。日常生活在不断生产矛盾的过程中也不断地消解矛盾,这是生活自我更新能力的体现。

然而,资本增值导向的城市空间生产逐步操控日常生活,致使日常生活中出现一系列的空间异化现象,日常生活的活力与价值迷失,甚至日常生活的原真性都受到抑制。在社会生活中,人们不仅要受日常生活异化现象的迷惑,还要承受消费主义思想的侵害,这种异化现象将人们的需求与资本的利益分为对立的两面,易于激发矛盾。另外,工业社会下城镇化程度高的城市,其公民的日常生活异化现象最为严重,这不仅遮蔽了公民个体真实的需求,还抑制了人个体的主体能动性。

列斐伏尔对日常生活的批判是将马克思社会空间批判对象从宏观的社会关系转向微观的日常生活,把矛头指向微观日常生活的异化现象,发掘原真的生活价值,使日常生活的真实意义出场。日常生活是由一个个个体和小事件汇集而成,在微观中隐含着深刻规律性认识,因此,日常生活中的个人微小事件不仅是微观事件,也是宏观的社会规律,我们在讨论城市空间生产问题时,不应谈论宏大的结构体系,而应沉入到日常生活的微小事件中。

列斐伏尔的空间生产理论把空间与日常生活紧密联系起来,探讨工业社会的城镇化下人在城乡空间中的处境。人对自然空间的改造形成了社会空间,而社会空间承载着人际关系。良好的社会空间不仅是人与自然空间的互动,而且是人们创造新空间的努力。以资本为主体的城市社会空间生产,遮蔽了人对自然空间改造的主体能动性,个体对社会空间的真实需求被忽视,这种条件下的社会空间生产所引发的矛盾,实质上就是社会关系矛盾。

（二）景观社会批判的社会学分析方法

列斐伏尔还将德波的景观社会批判理论引入空间生产理论中,

使用社会学分析方法解析社会空间生产过程。

德波的景观社会批判理论是对马克思商品社会批判理论的进一步深化,是对消费社会的景观生产批判。他指出,景观生产是一种政治意识形态的表现,同时也是城市的经济生产行为,景观生产已经深入城市社会生活的每个细部,侵蚀城市地方文化,从而造成空间的全面异化。景观社会批判的逻辑思路是:景观视觉化—消费景观化—景观空间异化—景观异化批判与艺术革命(居伊·德波,2006)。

德波分析了景观社会的运行机制,认为景观社会掩盖了人们自由选择的意志,不容许人们反思和对话,将景观铺天盖地地呈现,使人们不得不被动接受,因此人们失去了自主思考的能力。而景观异化使景观的呈现毫无规律可循,既不能从历史里寻找到景观出场的时空节点,也不能找到景观形成和演变的轨迹。同时,通过景观的高速运转和媒介对主流价值观的宣传,景观异化还具备很强的隐蔽能力。在历史被隐去、现实被遮蔽的景观社会下,人们所见的变成一些不可捉摸的符号,直接导致人们麻木不仁。然而,景观异化绝不只涉及文化和经济的范畴,文化和经济与政治意识形态都紧密相关,异化景观里渗透着资本想传达的意识形态,铺天盖地的景观只是表现。

德波还指出,消费异化是景观生产所导致的后果。他认为,资本主导的景观生产让人们难以辨别自己的真实需求,资本通过景观生产控制了消费领域,从而掌控人们的休闲时空。在难得的休闲时间,人们只能听从景观的摆布而忽略了自身的个性追求,个体真实的需求被遮蔽,个体努力创造空间、创造生活的自由也被压制。景观促使人们娱乐消费、旅游打卡,而这一切都是资本增值的需要,休闲活动不再是自主的,而是盲从甚至迷失的。个性的丧失使真实的传统与文化变得模糊不清,屈从于消费异化的休闲时空抑制了人们对社会生活的创造性。

消费所支配的景观生产调整了城市的产业结构,使生产被逼退至二线,城市的社会结构由生产主导型转向了消费主导型,消费者实际购入的是商品的象征价值而非其实用价值,物品转变成象征价值的符号,甚至成为身份的象征,从而为真实的社会生活罩上迷雾。

三、空间生产的内涵和理论体系

(一)空间生产的内涵

空间生产的内涵可以从理论意义和现实意义两个方面解读。

1. 理论意义上空间生产的内涵

理论意义上,空间生产可以分为"空间之中事物的生产"和"空间本身的生产"两个方面。马克思论述的空间生产是指资本推动下的商品生产及再生产。而"空间本身的生产"则是列斐伏尔论著中的主要论述对象,他指出,在城镇化的推进下,城市空间迅速扩张,随着生产技术的进步和人们对空间的认知加深,人们的生产方式从空间中商品的生产及其再生产转变成空间本身的生产。这里所说的空间的生产并不是空间中的局部要素生产,而是指空间的总体性生产。

空间生产所解释的重点并非未来,而是过去与现在。在资本增值需求下进行空间生产势必要清除原有空间结构和空间系统,将其重建为资本增值所需的空间结构和空间系统,建造出来的一体化空间形态模糊了国家界限,遮蔽了民族特色,是通过物质空间重构来达成意识形态同构的过程。

空间生产还蕴含着城乡二元对立的内涵,为实现资本增值的最大化,空间的生产以城市为核心(城市聚集了先进的生产力和资本关系,有完善的公共设施和社会关系作为空间生产的支撑),乡村只能作为城市空间的附属而存在,以资本增值为导向的空间生产用城市化作为自己的包装,在全球范围内广泛推动城市化运动,然而,被空间生产过程所替代的城镇化,会直接导致城市与乡村、中心与边缘的二元空间等级结构。

空间生产与城市边缘区的社会问题密不可分,空间生产通常在城市边缘区发生,以缓解城市开发压力与居住危机,在空间生产过程中,城市边缘区的农民失去了赖以生存的土地资源,由失地引发了失业、失权等问题,被迫成为社会边缘人群。

2. 现实意义上空间生产的内涵

首先,空间生产体现着生产力。空间作为人类活动的容器,人类的发展伴随着不断改造自然空间的过程,自然空间经过社会生产实践活动而转变为极富社会意义的空间产品,在这个过程中体现了空间中物质资料的生产与再生产过程,是人类生产力的集中体现。空间生产过程体现的生产力具体包括物质资料、生活资料和人口三个方面的生产力。

其次,空间生产蕴含着生产关系。空间生产影响着空间中的社会关系和生产活动,蕴含着人与人的关系。资本增值导向的空间生产则主要蕴含着资本利益关系,其社会关系的呈现其实就是资本关系在空间的表达。空间生产实则是以社会空间和自然空间为承载构建生产关系。

(二)空间生产的理论体系

列斐伏尔提出空间作为生产资料被纳入生产的范畴,同时也是生产成果,随着城镇化的持续进行,空间中物质要素的生产逐步转变成空间本身的生产,空间生产的实质是资本持续增值的方式,这便是空间生产理论的基本逻辑。在列斐伏尔研究的基础上,众多学者对空间生产理论展开研究,其中属大卫·哈维、福柯和卡斯泰尔的研究成就最突出,丰富了空间生产的理论体系。

1. 大卫·哈维的"资本三级循环"和"空间正义"思想

大卫·哈维在继承列斐伏尔空间生产理论思路的基础上,深入关注资本如何在城市的空间生产中发挥作用,提出"资本三级循环"

理论,并主张破除资本增值主导的生产关系,实现生产正义,提出"空间正义"思想,将城市空间正义拓展至全球空间正义和环境正义。

(1)资本的三级循环

大卫·哈维重点关注资本在空间生产中的逻辑关系,其核心观点是资本在城市空间生产过程中通过三级循环来与城市空间产生交互关系,这三个等级的资本循环分别是初级循环阶段、次级循环阶段和第三级循环阶段(见图 2-1)。初级循环阶段是资本通过城市中的工业化生产产品作用于城市,这个阶段的工业化生产会面临"过度积累"的生产危机,这时资本为了寻求解决危机的途径,便进入资本的次级循环。在次级循环阶段,资本主要作用于城市环境的生产过程,比如城市绿化带等,资本被大量投入到城市空间环境的制造中,作用与控制着城市空间生产,资本的次级循环正是城市扩展和演变的主要动力,然而,资本的次级循环同样面临着"过度积累"的危机,当城

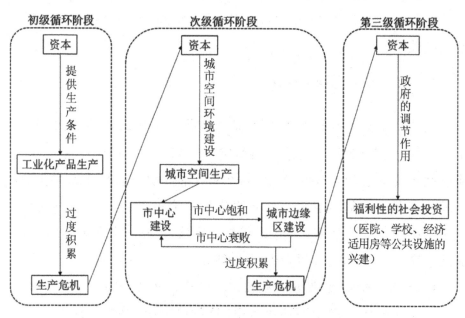

图 2-1 "资本三级循环"示意图

市中心区建设饱和时,资本便会触发城市边缘区的空间生产,城市中心区衰败后,资本则回到市中心进行空间重建,再次陷入"过度积累"的危机,因此,资本需要进入第三级循环来消除危机。在资本的第三级循环阶段,通过政府的调节作用,资本进入福利性的社会投资,如医疗、教育、居住等,在城市空间上则是医院、学校、经济适用房等公共设施的兴建(郭文,2014)。

(2)"空间正义"思想

在《社会正义和城市》一书中,大卫·哈维集中讨论了"空间正义",将社会学中的社会正义概念与城市地理空间结合起来,提倡在城市空间规划中实现社会正义。他将空间正义解释为:以正义的方式分配社会资源,实现公正的地理分配,消除资源在空间中分配的不正义现象(大卫·哈维,2010)。大卫·哈维认为,资本增值主导的空间生产本身就是不正义的社会资源和空间资源控制支配,而仅仅靠改变分配方式是难以实现公正的空间资源分配的,只有进行"空间"的社会生产过程才可能真正实现空间正义(张佳,2015)。

大卫·哈维所说的空间正义,并非指资源在空间上的平均分配,而是其在《正义、自然和差异地理学》一书中所表述的"公正的地理差异下的公正的生产",这包含两方面内涵:一方面是承认地生态、地理、经济、社会、文化上的地域差异,批判性地分析这些差异是如何生产出来的,差异生产的过程是否是正义的。另一方面则是批判性地分析生产出的差异本身是否是正义的(任政,2014)。也就是说,哈维一方面批判空间的不正义,另一方面解释空间的非正义被生产的过程。

大卫·哈维指出,资本增值主导下的空间生产是空间非正义的根源所在,实现空间正义需立足于对空间生产过程的批判、矫正和优化。哈维从城市空间生产、全球空间生产和自然空间生产三个层面批判空间生产过程的不正义性(见表 2-1)。

表 2-1 三个层面的空间生产过程的不正义性

空间生产的层面	不正义的空间生产过程	空间不正义的后果
城市空间生产	资本对空间的争夺使城市地理景观不断被破坏与重建	公共空间过度资本化、旧城市中心区的废弃、城市遗产被破坏等
	城市空间的资本化剥夺了劳动者的生存空间,造成居住空间分异隔离的局面	弱势群体的空间权益边缘化、区位歧视、社会排斥等
	资本主导下的城市空间生产忽视了人的生存与发展,造成了空间异化	大都市的非人性、人们丧失了家园感、个人在时空中的无限孤独感等
全球空间生产	"全球"对"地方"进行空间剥夺和重组,使"地方"成为资本全球化的牺牲品	瓦解和颠覆了社会生活的多样性和地方性的文化传统
	资本以非对称性的关系进行资本积累,表现为不公平和不平等交换,形成与空间连为一体的垄断力量	不平衡发展的全球空间结构、资本积累的"中心与边缘"空间模式
自然空间生产	资本"支配自然"的做法使自然生态环境遭到过度破坏	环境污染、生态匮乏等环境问题,以及资本对生态危机的空间转嫁,破坏了贫困阶层和发展中国家的生态环境

资料来源:作者根据参考文献梳理(任政,2014)。

2. 米歇尔·福柯的空间生产权利逻辑

米歇尔·福柯在列斐伏尔空间生产理论的基础上着重关注空间生产的微观政治学,考查权利话语在地理空间上的表征以及实施的过程,其在《规训与惩罚》一书中将空间生产的权利逻辑描述为:权利通过对空间的规训来传达压制关系(米歇尔·福柯,2003)。福柯将空间生产理论置于社会理论框架之下,论述了空间—知识—权利之间的互动关系(见图 2-2),为空间生产理论拓展了新视角,将权利关系进行空间地理转向,促进了空间生产的过程与权利关系的内在运作机制实现关联(何雪松,2005;刘涛,2014)。福柯认为空间是权利发挥作用的关键途径,空间化社会是由许多规训性空间组成,而资本积累主导的空间生产充斥着社会权利的不对等,以及其他的衍生矛盾,空间生产的背后暗含着权利的规训与反抗(吴冲,2020)。在福柯看来,在空间生产过程中,权利发挥作用主要表现为,相关组织或者利益集团通过运作自身所具有的资本和地方政府所提供的政治优势,以资本增值利益为出发点,改变城市土地利用现状的方式(刘珊,等,2013)。

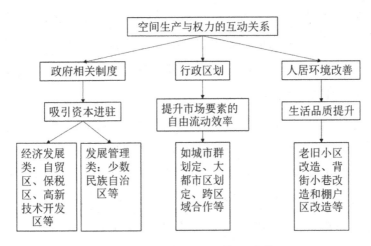

图 2-2　空间生产与权利的互动关系

空间生产过程被认为受政府相关制度、行政区划和人居环境改善等方面的力量推动。首先,地方政府为提升城市竞争力,通过制定"优待制度"来吸引资本进驻,如经济发展类的自贸区、保税区、高新技术开发区;发展管理类的少数民族自治区等,这些区域拥有相对更优待的经济政策和相对更高效的行政管理机制,资本主导的空间生产更容易发生。其次是行政区划,这是国家实现分级管理而进行的空间划分,为提升市场要素的自由流动效率,更优化组合区域内的市场要素,进而获得更高利润,政府和资本采用行政区划重组的方式扫除地方保护障碍,如城市群划定、大都市区划定、跨区域合作等的行政区划重组,都体现了权利对空间生产的推动作用。最后是政府为提升人居环境,引入资本,在城市边缘进行空间生产以缓解住房压力,或在衰败的城市中心区施行城市更新项目,如老旧小区改造、背街小巷改造和棚户区改造等。

3. 曼纽尔·卡斯泰尔——空间生产中的社会民众

空间生产过程中的社会民众是曼纽尔·卡斯泰尔重点关注的对象,他在《城市与民众》一书中分析了城市空间生产与社会运动的关系(Castell,1985)。空间只是物理上的容器,是进入空间中的人赋予了空间丰富的内涵,使空间有了新的功能和新的形式,人类的活动始终影响着城市空间的生成,人们通过不同目的的社会运动来显示社会民众对城市空间生成过程的影响,社会民众应当作为城市空间生成中的重要一环,需要受到足够重视,并使其发挥积极乐观的作用(曼纽尔·卡斯泰尔,2006)。

曼纽尔·卡斯泰尔将社会运动分为三个类型(见图 2-3):第一个类别是民众的抵制,主要是指以抵制资本增值为目的的城市空间生产行为,期望能提升自身的生活水平;第二个类别是民众的认同,主要是对地域文化的表达和推崇;第三个类别是民众的自治,主要是期待在城市空间生产过程中具有参与权和决策权,期待在一定程度上实现自我管理(Castell,1985)。

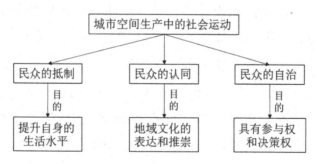

图 2-3　城市空间生产社会运动的三个类型

四、空间生产理论的价值诉求和批判主题

列斐伏尔空间生产理论的价值诉求是以人为本、平等正义和多样化,在这样的价值诉求下,展开对空间生产及其资本、空间生产及其政治、空间生产及其生态环境三个主题的批判(孙全胜,2015)。

(一)空间生产理论的价值诉求

人类永恒的价值追求是自由、平等、正义等。空间生产理论丰富的内涵决定了其价值诉求并非仅仅由空间限定产生,而是源于空间背后的社会范畴,如权利逻辑、社会运动等,列斐伏尔指出,空间生产理论的价值诉求体现在空间生产过程的以人为本、平等正义和多样性等方面,这正是空间生产理论的功能彰显。

1. 以人为本的价值诉求

列斐伏尔指出,空间生产原始的目的是将自然空间改造成人类居住所需的形态,是人类生产力进步、生产方式变革和经济发展在空间中的呈现,但不管以何种形式,空间都是为人服务的,空间生产不仅能为人获得经济利益和实现政治权利,还为人提供了精神家园,使人实现自我价值,获得人格尊严(宗海勇,2017)。列斐伏尔认为,在空间生产过程中需要尊重每个人的生命价值,通过许多个个体的社会价值的集合来彰显整个空间的价值,可见,空间的价值和人的价值应当是有机结合的,空间的价值即是人的价值在空间中的呈现,而空间生产的过程是实现人创造性和主观能动性的过程(孙全胜,2015)。资本积累主导的空间生产则可能因为脱离了空间的人文价值,未得贯彻以人为本的价值观而出现空间的异化现象,生产出来的空间则会因脱离现实而死气沉沉。

然而,空间生产过程中的主体是多元的、广泛的,要实现以人为本则需要多元空间生产主体的协同努力,不同背景、年龄、性别的人都需要被关照到,而不仅仅是关注城市居民。另外,不同空间生产的

主体,利益需求不尽相同,以人为本的空间生产则需要满足空间生产主体的多元诉求,不仅仅是基本生产、生活诉求,还包括人自我实现的精神诉求。

2. 平等正义的价值诉求

平等是空间公共属性的体现,空间的平等性是强调不同背景、年龄、性别、能力的人都可以在空间中自由流动、交融,倡导空间利益的均等性。空间的平等性是克服空间矛盾、促进社会和谐的关键。空间的平等并不是理想化的均质平等,而是基于现实的平等(李伟,华梦莲,2019),主张限制强者的利益而帮助弱者实现自身利益,使空间生产的多元主体各得其所,不会遭受区别对待,这需要空间生产在规则制定中平等地对待每一个主体,同时在空间的每一个角落散布平等的意图。空间生产的平等性价值表达能化解空间中的利益冲突,促进人与人、人与空间的和谐共处,形成极具活力、积极向上的空间。

正义是空间生产良好秩序的保障,是在对空间生产过程中不平等现象的批判中形成的,我们需要用空间正义来考查空间生产,确保空间生产的规范进行。空间正义的缺失会导致空间矛盾、空间分裂等现象(王佃利,邢玉立,2016)。空间生产过程中需要空间正义保驾护航,而空间正义则需要社会制度作为依据。

3. 多样化价值诉求

空间因为具有多样性和差异性而充满活力,多样化是空间持续发展的动力之一,列斐伏尔指出,空间的多样性维持需要空间生产过程中最大限度地包容和尊重空间的多样性。空间生产多样化的价值诉求是由空间生产的多要素环境和多元主体结构所决定的。首先,空间生产受资本市场、政治权利、自然生态环境和社会民众等共同作用影响,多要素的综合作用对空间生产提出了复杂性需求,要求空间呈现多样性。另外,人个体的需求也是多样性的,既有物质空间的需求,也有精神空间的需求。人的需求越得到满足,人越能感受到幸福,越能激发人的创造力和积极性,反之,人的需求越被漠视,则越容易造成压力,甚至造成精神异常,成为社会的不安定因素,因此,列斐伏尔倡导空间的生产过程尊重每一个个体(包括非人类生物)的需求,积极满足合理的需求而非压制,排除只为少数人服务的空间生产,促进社会的积极发展。

空间生产的多样化是通过空间形态的多样化和空间要素的多样化达成的。首先,不同的空间形态具有不同的功能和价值,原本就千差万别,在多样化空间的基础上完成的空间生产,需要延续空间的多样性,更顺畅地满足不同人的需求,增强人们日常生活的参与感和认同感,构建出多元的空间场景。其次,空间中要素的多样性是空间生产多样化价值诉求的关键一环,空间中多个要素的协调,能够促进空间生产多样性的形成(孙全胜,2015)。

(二)空间生产理论的批判主题

列斐伏尔的空间生产理论通过对空间生产过程中的资本批判、政治批判和生态批判三重批判主题,描绘了其建构的理想空间生产模式。

1. 资本批判主题

列斐伏尔批判空间生产被资本关系渗透的过程,批判资本关系将空间变成资本增值的工具,批判空间中的一切空间资源、社会资源乃至自然资源被沦为资本获取剩余价值的工具。

列斐伏尔空间生产理论对资本的批判是对马克思资本批判思路和逻辑的沿袭,重点关注空间生产过程中资本增值的过程,论述空间生产服务于资本的逻辑关系,揭示了空间生产的全球碎片化和趋同化,以及空间生产背后的受益人和受害人的利益关系。

在全球空间在资本作用下趋于同质的背景下,空间生产变成了一种异化的商品,被生搬硬套地置于空间中,全球的空间生产模式走向一致(鲁宝,2017)。资本增值为目标的空间生产模式表面繁盛、热烈,实则内部矛盾聚集(陈玉琛,2017)。资本主导的空间生产通过空间规训,使人们在其设定的景观空间中变得温驯而可操纵,将矛盾转移到个体身上,使个体处于资本营造的乌托邦中,是现实与幻象在个体的身体之中分裂,这样的空间生产压抑着人性。

资本主导的空间生产使空间的情况变得错综复杂,传统空间的文化意识被侵蚀消解,人们的传统空间意识被不断弱化、忽略,城市和乡村的边界消解了,中心和边缘的边界消失了,郊区与中心城区也没有了差别,人们陶醉在资本营造的空间幻觉中,忘记了自己身处的时间和地域、忘记了历史、忘记了传统空间观念,个体逐渐丧失了自我意识的主观能动性和主观意识。

2. 政治批判主题

列斐伏尔主要批判空间生产的政治化,资本从内部控制着空间生产的过程,使空间生产渗透着资本主义的政治意识形态,资本企图通过其政治意识形态来操控空间生产,以便获得更多利润(王玉珏,2011)。

列斐伏尔的空间生产理论重点关注空间中的微观权利系统。他认为,空间形态中一直都有政治意识形态的表达,积极的政治意识形态可带动空间的创造性变革,而消极的政治意识形态则会使空间僵化,空间变得死气沉沉。空间生产的政治意识形态通过改变和规范人们的日常行为来呈现其价值规则,因此,社会空间的秩序和稳定离不开空间生产中的意识形态传达(孙全胜,2017)。

资本增值主导的空间生产通过构建中心—边缘的空间等级关系来形成社会等级结构,列斐伏尔指出,空间等级结构催生社会阶层对立(孙全胜,2015)。如果不同的空间等级对应不同的社会阶层聚居区域,那么边缘区域作为低收入人群的聚居区域在资本主导的空间生产下,无疑会变得更为孤立。空间生产成为资本争夺财富的手段,空间资源占有的多少往往体现着政治权利的大小,直接导致空间生产的泛政治化现象。

空间生产所构建的空间等级秩序还体现在全球化、区域化与民族特色文化的空间等级关系中。资本增值主导的空间生产通过同质化的空间生产过程使民族特色消失在虚荣、俗媚的景观中。空间生产占据了极富个性和民族特色的私人空间,将其转变为同质化的公共空间,用技术理性替代了文化意境。当人们置身于资本所创造的消费空间中为之疯狂时,便不再思考被异化的空间所产生的消极意义。

列斐伏尔通过关注空间生产对个体日常生活权利和社会关系网络的影响,诠释日常生活空间的政治关系,揭示日常生活政治的多元性,提倡建立社会主义差异空间的集体管理模式(孙全胜,2017)。社会主义社会预设了对差异文化和差异空间的包容性,而空间和文化差异性的续存需要空间政治来实现,并且需要依据文化和空间的差异构建多种空间政治策略。为了实现充满文化差异和空间差异的多元活力社会,首先必须变革资本主导的空间生产过程,变革空间形态。差异化的空间并非改变人们的日常生活,还是要改变空间生产的制度和政治意识形态,通过新的空间形态来延续差异化的文化和空间。而空间生产已经不可避免地成为社会生产的基本模式,成为极具辩证机制的政治生产方式(孙全胜,2015)。

3. 生态批判主题

列斐伏尔的空间生产理论主张空间生产过程的生态化。空间生产的过程,即人类活动改造自然的过程,而自然空间中不存在辩证关系,空间生产的生态批判所批判的对象是人类的实践活动,以及人类实践活动对自然空间的影响,并非自然空间本身,可改变的人类社会生产实践方式是辩证法的基础。而列斐伏尔运用社会空间辩证法从实践层面分析自然空间,将自然空间与人的实践活动联系起来。

自然空间是被人类改造的原始空间形态,是具象的现实可感知的自然空间,而社会空间是抽象的,是社会关系化的空间。空间生产过程实则是通过人类的实践活动将自然空间社会化的过程,被改造的自然空间将布满社会关系网络,人与自然的关系实则是人与人的关系的体现,社会空间形态与被社会化的自然空间形态共同组成了人类社会,被改造后的自然空间则被人私有化,人类在将自然空间社会化的同时,也使人融入了自然空间,使自然空间附上了人的属性。以动物园和药用植物园为例,很难定义这类空间是自然空间还是人工空间,它们自然空间的特征已经模糊了。

然而,随着科学技术的飞速进步,人类将先进的生产力和生产工具作为武器,加大了对自然空间改造的步伐和规模,狂妄地剥夺自然空间,自然空间只能被不断逼退,沦为人们的排污场地。被过度开发的自然空间生态系统遭到破坏,被过度开垦的土地永久失去了原本的植被,无节制的掠夺使自然空间生态失衡,人与自然的关系极度恶化(刘燕,2017)。

空间生产理论并非仅仅考查自然空间的社会化过程与社会意义,而是为了给空间生产指明改革之路,探索人类更美好生活的路径。因此,人与自然的关系是空间生产理论必须明确的内容。自然生态系统是整体性的,自然离开了人类依然能发展,而人类离开了自然则寸步难行,人类保护自然并非为了自然的发展,而是为了人类自己的可持续发展,换言之,人类保护自然其实是在保护自己,人类的生态保护意识对自然空间和非人类生物进行关怀,从自然生态系统功能的角度去关注自然(孙全胜,2020)。空间生产的生态化则是注重对生态危机的克服和经济可持续发展,是生存智慧在发展理念、社会关系和生活方式上的体现,提倡人类实践活动破除人类中心主义,使空间生产走向和生态规律、生态美学相契合,创造新的生态人文价值。空间生产必须引入生态规范,并采用生态化的实践模式,才能最终达到人与自然和谐共处,实现人类社会的全面发展。

五、空间生产的属性

空间生产既是制造人工空间或者半人工空间的过程,又是改变社会空间形态与社会空间结构体系的过程;既是对城市矛盾与冲突的考察,也需深入走进微观日常生活,是社会关系网络和人们精神文化的空间载体。因此,空间生产蕴含着三重属性:物理性、精神性和生活性。

(一)空间生产的物理性

空间生产由于是对自然空间进行的社会化改造,改造的空间是可触可感的自然物理空间,空间中正在发生物质资料运转和人们的生产实践活动,作为物质资料生产的场所,空间生产与城市道路基础设施、旅游设施、人们的居住场所和工作场所等密切相关,这些按一定目的组建的具体空间都是能够准确刻画和测量的,因此,空间生产是真实存在的物理空间构建,具有物理性。

空间生产的物理空间尺度分为三个层次,首先,日常的小尺度空间产品,如公园、餐厅、酒吧、商店、小区等,具有市场交易价值;其次,大型空间产品,如开发区、旅游区、新城、交通基础设施等,具有社会交流价值;最后,特定行政区域空间层次,如经济圈、都市圈、城市群等,具有政治意识形态价值。不同尺度下的空间生产具有特定的物质资料生产模式,也具有特定的空间要素和空间形态,空间生产不论在任何尺度下都无法脱离物质资料的支撑,这也是空间生产的物质性在不同空间层次上的差异化体现。

空间生产的物质性也会呈现其负面影响,例如,资本主导的空间生产为达到资本增值的目的,将大量资金投入到空间建设中,不惜摧毁固有的空间格局,以便建立新的空间结构,完全屈从于资本积累的空间格局,缺乏内在社会关系网络的支撑,在市场热度过后则会沦为无用的摆设;另外,以物质空间为载体的空间生产,还是城市无序蔓延的动因之一,资本为实现增值,爆炸性地在城市边缘区进行空间生产,导致城市建设面积的大规模增加,引发城市空间形态和格局失控的后果。城市的空间生产还表现在纵向上,大量的摩天大楼拔地而起,使人口大量聚集在城市,带来城市人口爆炸、交通拥挤、环境恶化等问题,外来人口大量涌入城市争夺城市空间资源,从而引发人群间的社会矛盾。

(二)空间生产的精神性

以资本增值为导向的空间生产通过符号、材质色彩、景观和空间尺度等空间要素构建出一个虚幻的精神世界以诱导人们消费,实现资本增值,可见空间生产是极具精神性的人类实践活动。

资本主导的空间生产是经过剪辑和加工的景观形象,渗透着精心设计的经济意图和政治意识形态,空间中的符号不仅使用价值和人文载体,还是身份地位、权力、名誉、等级的象征,人们购买的不是产品的实际功能,而是产品背后的象征价值和精神意义。符号消费使日常生活物质空间转变为充满物欲的消费活动空间,使空间中布满了资本的增值逻辑。

资本主导的空间生产活动制造的不是真实的社会生活空间,而是营造了抽象的消费幻觉,遵循着资本增值的逻辑,完全远离了真实与理性。真实日常生活的异质性和多元化被空间符号所遮盖,被资本增值逻辑同化为僵化的消费模式,而布满消费逻辑的空间又作用于人们的人生观和价值观,影响人们的精神世界。

(三)空间生产的生活性

生活是独立于物质空间与精神空间的庸常化、泛在性、重复性的碎片化存在,列斐伏尔认为,空间生产是构建日常生活的空间实践,极具社会意义。空间生产的过程是改变或新建社会空间的过程,空间中所承载的日常生活也会随之被重新塑造,然而,空间生产过程中常出现日常生活的实际功能与交换功能混淆的局面。建筑作为居住和办公的主要场所,其实际功能是满足日常生活所需的住处和生产场所,而资本主导的空间生产中,建筑常呈现的交换功能,被当作商品用于出售和流通,可见,在空间生产过程中,空间的实际功能与交换功能之间常出现矛盾。空间生产在不同人眼里呈现极大的差异,居民想从中获取日常生活所需的使用功能,而资本积累则希望获得最大的商品交换功能。

空间生产过程使被人类实践活动改造后的自然空间布满了日常生活的社会关系网络,被生产的社会关系网络呈现出人们被改变后的日常生活模式,在资本增值的驱使下,空间生产的结果呈现的是无节制的消费欲望,布满了日常生活,人们对日常生活的创造性和主观能动性被遮盖,资本的意识形态便逐步渗透到日常生活中,改造着人的生活方式和思想。

空间生产除了为日常生活提供物质空间,还蕴含着未来日常生活的无限可能,展示着多元的社会关系,影响和塑造日常生活,应当具有开放性。

六、空间生产的分析方法——空间三元辩证法

列斐伏尔通过深入地认识空间,对传统的空间二元论重新审思,提出建立包含社会、时间和空间的社会空间分析方法——三元辩证法,并指出空间三元辩证法分析的内容包括社会空间属性分析和社会空间演变过程分析。

(一)空间三元辩证法的提出

1. 空间的三重认识

列斐伏尔认为,空间的认识可以分为物理空间、精神空间和社会空间三个层面。物理空间是可以进行直接的数据描述和量化,是表象的、外在的、可以触碰的,是传统空间研究的着力点,与人们的生产

和生活模式密切相关。精神空间是基于物理空间构建出来的抽象空间，不可以被直接感知，需要通过文字和语言表达，与地域文化、人文思想、民间习俗、宗教制度等有密切关系。社会空间则是基于物理空间和精神空间而生存的空间，是人类实践活动密切接触的空间，是人类思想通达的区域，具有开放性和动态变化性。

列斐伏尔指出，人类对空间的认知经历了三个阶段，首先是构建空间学科基础的物理空间认识；其次是主张精神和艺术超越物质空间的精神空间认识；最后是把时间、空间和社会三者结合的空间三元认知。列斐伏尔认为，前两个阶段的空间认知是独立的、割裂开来的，容易造成空间认知的片面性。将社会、时间与空间三个维度相结合的空间三元认知方法将物质、精神和社会联系起来，在空间认知方面更具科学性。

2. 传统空间认知的局限

列斐伏尔认为，传统的物理空间和精神空间的二元空间认知方法，由于时间的流动性和归纳性更显著，空间在时间的宏观表达中常常被置于辅助地位，导致空间辩证分析在社会研究中一直处于边缘地位。传统的空间分析将空间固化为人类生产实践活动的容器，是人类活动的物质基础，鲜有对空间价值的分析理论，对空间的分析也是将人排除在外的物理空间描述。

马克思的社会批判理论重点关注的是社会变革，空间价值认知处于次要位置。工业革命使社会结构和社会空间形态骤然巨变，人们意识到了社会空间的重要价值，而列斐伏尔提出的空间三元辩证法，将空间与社会关系联系起来，进行动态演化过程分析，完善了社会空间批判理论的内涵与方法。

3. 空间三元批判法的提出

列斐伏尔的空间三元批判法是对马克思历史辩证法和社会空间二元辩证法的补充，是使空间辩证法从历史—元辩证分析和物质—精神二元辩证分析走向物质—社会—精神三元辩证（见图2-4），推动了社会空间分析与城镇化研究、经济学、社会学的融合。

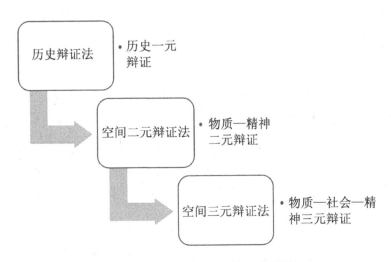

图 2-4　空间分析方法经历的三个阶段

空间三元辩证法是物质、社会、精神三个领域的融合分析,三元相互作用、彼此联系、缺一不可,扩宽了人们对空间的新认识。空间三元论是对全球快速城镇化的理论回应,通过社会空间形态构成及历史演变、空间生产方式的演变分析,厘清社会、时间、空间的互动机制和协作关系,有助于认清空间的社会意义,激发人们对空间价值的全面探索,鼓励人们正确地使用空间生产工具协调社会、政治和经济问题。

社会空间辩证法既是具有本然形态的客观辩证法,又是具有自身逻辑的实然辩证法,还是具有历史需求的应然辩证法。

(二)空间三元辩证法的分析内容

1. 社会空间属性分析

空间生产通过人类实践活动改造了自然空间,人类的印记被投射到了空间生产过程中,使空间极具社会意义,也使空间具备了多重属性,空间三元辩证法强调对社会空间的属性进行分析。

列斐伏尔将空间描述为多种空间形态,不同的空间形态具备不同的社会空间属性(见图 2-5)。他将空间形态分为三种类型(也称为概念三元组):空间实践(spatial practices)、空间表征(representation of space)和表征空间(representational space),对应物质的、精神的和社会的三元空间,体现空间生产的自然性、社会性和历史性统一。空间实践是空间生产和空间中物质的生产与再生产的场所,以及场所中所承载的特质;而空间表征是空间中与社会关系相关联的符号、知识和人文风俗等,是空间中的符号系统体现;表征空间是展示空间中社会符号的编码过程,由通过空间实践发展而来,是空间对自己过去和历史过程的呈现,呈现出空间独特的历史形态。

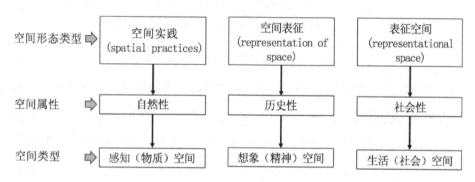

图 2-5　空间形态与空间属性及类型的关系

空间形态的这三种类型在内涵上与社会空间的感知、想象、生活三种类型相对应。感知空间是物理性的,能被直接观测的空间;想象空间是构想出来的意识形态空间,是隐性的抽象空间,是为了论证现实空间存在的合理性;生活空间则是社会学家、经济学家、城乡规划师等研究者基于感知空间和想象空间所联想出来的各类具有符号意义的空间,是位于物理空间与精神空间之间的存在,是感知和想象共存的空间。

社会空间的属性具有层叠特征,空间经历了从微观到中观再到宏观的发展过程,人类实践活动创造的社会空间形态也具有空间的层叠性,如从城乡空间到区域空间再到国家空间,同一个空间在不同的空间尺度下可以呈现不同的空间形态和社会空间属性。

2. 社会空间的历史演变分析

空间形态随着环境的变化和社会的发展呈现不同样式,并且空间形态是动态变化的,因此,解读空间不能仅凭对空间片段的分析,而要考察空间形态的历史演变过程。为了更全面地揭示空间中的社会关系,我们需要分析空间生产与生态、政治、经济、日常生活等的全面动态关系,以及动态关系的历史演变过程。

列斐伏尔的空间三元辩证法要求考察社会空间形态的历史演变过程,并通过空间实践—空间表征—表征空间的互动关系来诠释社会空间的生成过程以及演变机制,从具体的历史现实出发,考察社会空间形态生成的动态实践过程。

列斐伏尔的空间三元辩证法扬弃了宏大的历史叙事模式,而采用深入微观日常生活视角的方式,审视社会空间的生产和演变过程。他认为,空间生产具有历史意义,并非单一的物理空间或是实践活动的器皿,而是在人类实践活动过程中构建起来的社会关系网络和社会空间秩序,是社会关系和生产力持续交互作用下的结果。社会空间具有物理空间和精神空间共有的特征,不能简单地理解为其是物理空间和精神空间的相加,而是人们在日常生活中将物质空间与精神空间的创造性结合。物理空间、精神空间和社会空间三者不可分割,只有用总体整合的分析方法才能真正地厘清空间生产的历史演变过程。

第二节 空间生产理论的研究现状

一、国外研究现状

(一)空间生产理论研究的四个阶段

基于列斐伏尔提出的空间生产理论,国外对空间生产理论进行了拓展和深入研究,可总结为四个阶段:第一阶段是结构主义社会学批评与空间政治经济学研究阶段;第二阶段是后结构主义地理学解释阶段;第三阶段是以日常生活和空间差异为研究主题的阶段;第四阶段是乡村空间的理论应用、微观城市空间和社会群体空间认知的研究阶段。

1. 结构主义社会学批评和空间政治经济学

(1)结构主义社会学批评

曼纽尔·卡斯特在其代表作《都市问题》中对列斐伏尔的城镇化驱动历史发展的观点进行了彻底批评,他认为城市空间及问题分析应当延续经济基础和上层建筑的传统两分法分析,城市的经济基础是工业化下劳动力聚集而产生的集体消费(医疗、教育、居住等),因此,城市是集体消费的空间单元,也是国家上层建筑的产物(夏铸九,2019)。

(2)空间政治经济学研究

大卫·哈维在其代表作《社会正义与城市》中用资本循环理论解释了城镇化过程,认为城镇化是工业资本转移危机的产物(大卫·哈维,2018)。这种立足于资本积累和价值循环角度对空间生产现象的解释正是空间政治经济学的视角,不可否认,这个视角对资本增值主导的城市建成环境扩张有强大的解释力,但如果仅仅是从资本积累的角度看待空间生产和城市问题,必然会遮蔽我们的双眼,使我们忽略鲜活的日常生活和人的主观能动性及创新的可能。因此,空间政治经济学的资本增值固有逻辑在发展列斐伏尔的空间生产理论方面存在局限性。

2. 后结构主义地理学解释

国外空间生产理论研究的第二个阶段是由地理学者们发起的,爱德华·索亚以空间三元论为基础,提出了其代表理论"第三空间"理论。他认为,第一空间是真实的、具象的物理空间;第二空间是抽象的、想象的理念空间,表达精神和认知状态;第三空间则是具象和抽象的结合、真实与想象的共存,是物质也是精神彻底驰骋的空间(夏铸九,1992)。爱德华·索亚还试图将空间生产理论解读为一种"空间本体论"。

爱德华·索亚的第三空间理论将空间进行了排序,这意味着给空间附上的等级属性,但列斐伏尔的空间三元论是强调空间的动态性与流动性,他认为任何一种类型的空间形态随时都有可能转变为另一种空间形态,空间类型之间是平等的、相互协作的。另外,人们认为"空间本体论"将空间生产过程过于简化,忽视了历史因素和社会因素对空间生产的影响,可见,爱德华·索亚对列斐伏尔的空间生产理论存在误解,导致这种误解在全球空间生产理论研究领域的传播。

3. 日常生活和空间差异的研究主题

国外空间生产理论研究的前两个阶段都有意或无意地忽略了日常生活、社会关系网络与空间和社会的差异对空间形态的重要影响,而空间生产理论研究的第三阶段,则是学者们对前人研究的审思,将日常生活和空间差异作为研究的主题。

这个阶段的空间生产研究倾向于从整体层面去解读列斐伏尔的空间生产理论,将理论与列斐伏尔的复杂生平结合起来,并将空间生产理论作为城市空间研究的起点,而非终点,利于将空间生产理论带入当代城市情景中(韩勇,等,2016;杨舢,陈弘正,2021)。可见,第三阶段的空间生产理论研究是开放而全面的。

4. 乡村空间的理论应用、微观城市空间和社会群体空间认知的研究

(1)乡村空间的理论应用

列斐伏尔空间生产理论在乡村空间仍然适用,菲利普斯首先将空间生产理论应用于乡村空间景观和文化的原真性研究中,用空间三元批判法解释了乡村空间绅士化的产生(绅士化/Gentrification,又译中产阶层化或贵族化或缙绅化,是社会发展的其中一个可能现象,指一个旧区从原本聚集低收入人士,到重建后地价及租金上升,吸引较高收入人士迁入,并取代原有低收入者的现象),并对其中的象征意义和社会化过程进行了详细的解释(Phillips,2002)。哈尔法克里在菲利普斯的研究基础上深入探讨了英国乡村空间生产过程中的景观和文化的真实性,提出乡村在城镇化的影响下日常生活空间与构想空间的矛盾,他认为权力构建下的乡村空间并未对居民的日常生活产生较大影响;但日常生活空间与感知空间的矛盾较为突出,表现为城市居民对乡村生活的向往和乡村居民由于要在城市工作只能将乡村当成临时居所的矛盾,空间生产理论的概念三元组结构可以解释这一矛盾,并构建了乡村空间三元组模型(Halfacree,2007)。在哈尔法克里的乡村空间生产模型中,乡村空间由乡村的地方性、乡村的表征和乡村的生活组成(见图2-6)。其中,乡村的地方性具有指乡村中独特的空间实践,是乡村独特的生产技术和生产模式的体现,与消费活动相关联;而乡村的表征则是资本增值主导的,充满政客思想和规划者技术理性的乡村空间的表达;最后,乡村的日常生活是乡村中多样化的,极具个人特色的生活场景,在一定程度上呈现一致性。

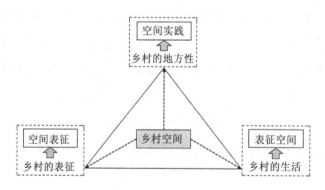

图2-6 哈尔法克里乡村空间生产模型

弗雷斯沃对哈尔法克里的乡村空间生产模型进行审思,认为该模型对权力的解读局限在权力的二元分类中,即支配权力(power as domination)与抵抗权力(power as resistance)的二元关系(Sharp, 2000),而忽略了乡村社会集体和个体行动单位的主观能动性,使权力的运行机制存在缺失。因此，弗雷斯沃提出"交织的权力"（power as entanglements）的观点来完善乡村空间生产模型，他认为乡村空间不仅是物质空间，也是乡村社会和乡村生活的空间，而且，乡村空间中的社会关系具有动态性，这种动态性具有"交织的权力"的特质。然而，要研究这种权力的动态关系只能通过研究权力干预下的社会空间实践活动，使抽象的权力得以落脚在具象的物质空间中，以便分析的展开（Frisvoll，2012）。于是，弗雷斯沃在哈尔法克里的乡村空间生产模型中加入了社会空间实践的元素，用物质性、非物质性和人的中心三个类别来考察乡村空间生产问题，在弗雷斯沃的分析框架下，乡村社会组织及个人的主观能动性、乡村社会实践和乡村社会关系网络都被重新置于乡村生活的语境下，诠释了不同权力主体在乡村空间生产过程中的角色和作用（见图 2-7）。

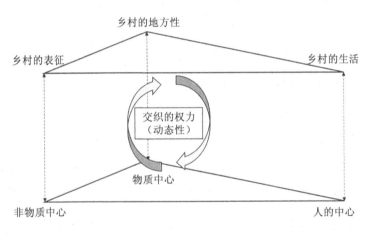

图 2-7　弗雷斯沃权力交织模型

（2）微观城市空间研究

微观尺度的空间生产理论研究的主要对象是城市广场，原因是广场是城市政治、经济、文化的重要展示窗口，也是城市中各种权力相互交织的重要呈现平台之一，构成了空间生产理论中的概念三元组应用条件和框架，即城市广场的景观表达——空间实践；政治制度对广场的生产和管理方式——空间的表征；市民在广场中的日常活动——表征空间。让瓦维用空间三元组模型框架分析战争地区的一处公共广场，由于冲突地区突出的政治因素，导致该公共广场无法实现空间规训的功能，也就是说，构想空间与生活空间、感知空间完全相悖，因此，他得出结论：当权力的构想空间与市民的生活空间和感知空间相悖时，广场空间的公共属性将会被废除，可见，公共空间并不仅仅指功能多样性，还在于公共空间中权力的相互交织关系（Zawawi,et al. ，2013）。

（3）社会群体空间认知研究

空间生产理论认为，社会的复杂网络关系和社会结构是透过空间来呈现的，而社会的权力关系正是镶嵌在社会的复杂网络关系中，不同的社会群体通过在空间中进行的社会实践活动与空间产生互动关系，构建极富特征的社会群体空间认知。布仁德以儿童群体作为研究对象，分析儿童对旅游景区及其周边社会、经济、自然环境的感知，以此来分析特定群体在自身生活经验下的空间认知特征。同样是通过概念三元组模型分析，旅游区的设计理念与空间的管理制度作为空间的表征；旅游区的多种功能用途作为空间的实践；旅游区对生活空间的解释与作为表征的空间。研究结果表明，儿童社会群体对旅游空间认知程度低，该群体内化了旅游区中有企业和政策权力通过区域划分和空间设计等手段生产的空间异化现象，这意味着在不同的社会群体视角下，概念三元组之间存在着复杂的流动关系（Buzinde,et al. ,2013）。

（二）丰富而深入的城市案例研究

国外空间生产的研究已经积累了丰富的城市研究案例，有宏观层面的城镇化过程城市案例研究，也有微观层面的城市空间及社会空间案例研究。列斐伏尔对空间生产理论的研究正是基于法国巴黎的城市社会调查与实证研究，而大卫·哈维则是对马尔的魔的城市空间及景观变化进行了长期的跟踪调查,爱德华·索亚则是对洛杉矶城市进行了详尽的拆解分析,那颂克拉通过对马来西亚新山市居民进行大量访谈,验证了空间生产的理论(Nasongkhla & Sintusingha,2012)。随着空间生产研究的深入,城市案例研究逐渐转向乡村和微观层面,如哈尔法克里乡村空间生产模型是基于对英国乡村的长期社会调查,让瓦维则是对巴勒斯坦的城市广场展开概念三元组的实证研究,布仁德的儿童群体空间认知研究则是基于墨西哥加勒比海地区的旅游胜地案例研究。

二、国内研究现状

国内对空间生产理论的研究开始于 20 世纪末,研究从三个方面展开:第一个方面是空间生产理论的引入;第二个方面是空间生产理论在城市规划和城市地理学领域的应用;第三个方面是空间政治经济学角度的研究。

(一)空间生产理论的引入

国内对空间生产理论的引入首先是在哲学、文学和马克思主义研究领域,对应的代表人物为刘怀玉、包亚明、孙全胜、庄友刚,主要是通过翻译列斐伏尔的著作(刘怀玉,2006;列斐伏尔,2018),或者对空间生产代表人物及其理论进行评述(包亚明,2003),从哲学、文学等角度对空间生产理论进行系统解释等(庄友刚,2012;孙全胜,2020;庄友刚,2011;孙全胜,2017)。叶超、柴彦威等将空间生产理论与中国发展实情相结合,对空间生产理论的代表性学者及其理论进行深入梳理,析出各理论框架,并提炼关键点,指名空间生产理论对中国城市空间发展与空间治理的启示(叶超,等,2011)。随着《都市革命》《空间与政治》《日常生活批判》《现代性与空间生产》等一系列译作、著作的相继出版,国内对空间生产理论有了较为全面的了解。

(二)空间生产理论在城市规划和城市地理学领域的应用

台湾大学夏铸九等学者首先将空间生产理论引入了城市规划和城市地理学领域,并在杂志上刊载了多篇空间生产理论相关的文章,多是对空间生产理论的解析(郭恩慈,1998),或者运用空间生产理论分析台湾城乡空间生产过程(夏铸九,1997;蔡筱君,夏铸九,1998)。2009年左右,国内以空间生产为主题的文章发表数量明显增加,并呈现逐年递增的趋势,研究的主题涉猎广泛,包括旅游区规划(孙九霞,周一,2014;郭文,王丽,2015;吴冲,2020)、旧区改造(姜文锦,等,2011)、城市更新(晁恒,等,2015)、社区建设(崔笑声,2020;胡毅,2013;孙九霞,苏静,2014)、区域规划(张京祥,等,2011)等,内容深浅不一,但都尝试用空间生产理论解释中国的城市空间现象。

自2016年开始,空间生产理论开始被引入国内乡村空间研究中并迅速成为研究热点,研究主要集中在城镇化背景下乡村空间生产过程及机制研究(刘林,等,2018),探讨了乡村人居环境演变过程(沈昊,等,2020),村民居住及生活空间的演变(何海狮,2016),以及乡村生产力与生产关系的布局等(杨贵庆,关中美,2018)。

(三)空间政治经济学角度的研究

国内空间政治经济学角度的研究主要集中在两个方面,一方面是对空间权力分配不平衡的研究,倡导空间正义;另一方面是消费时代下的空间城市过程与机制研究。城镇化的快速发展使中国城市积累了大量的城市化问题,空间权力分布不均的问题较为突出(高春花,孙希磊,2011),引起了大量学者的重视,学者们将空间生产理论作为工具,提出在城市建设、发展和管理过程中植入"空间正义"的理念(张京祥,胡毅,2012;庄立峰,江德兴;2015;陆小成,2016),并对空间权力分布不平衡的问题提出政策、制度、价值、空间布局等多方面的解决方案(李昊,2018;邓智团,2015;茹伊丽,等,2016;袁方成,汪婷婷,2017)。另外,消费文化成为城镇化过程影响城市空间生产的重要因素,对城乡消费空间生产的研究逐渐成为热点,研究的内容包括:消费文化对空间生产的驱动机制研究(高慧智,等,2014;包亚明,2006;季松,2010);消费文化与权力、资本的互动关系(刘彬,陈忠暖,2018);日常生活与消费空间生产的关系(张敏,熊帼,2013);消费空间风貌设计(张京祥,邓化媛,2009)等。

三、国内外空间生产理论研究对比

总结和对比国内外空间生产理论的研究现状,是为了借鉴国外研究的优势之处以弥补国内研究的不足。

(一)国外研究的优势与不足

1. 走向深度和广度的理论研究

空间生产理论是以西方城镇化浪潮为背景而产生的,西方研究者是推动空间生产理论体系演进的中坚力量,长期以来,国外不同学科领域都对空间生产理论做了大量研究,研究视角丰富多彩,研究内容紧扣社会空间和日常生活,研究处于理论与实践相结合,定性研究与定量研究共同发展的阶段。

在理论方面的研究经历了理论阐释、理论批判、理论实践应用和理论拓展过程,然而,国外对空间生产的理论研究并非直接运用,而是充满着批判和创造性,例如,曼纽尔·卡斯特对列斐伏尔的历史发展观点进行了全面批评;而大卫·哈维则用资本循环理论创造性地解释了城镇化过程,建立了城市研究中的空间政治经济学视角,对空间生产理论中的资本增值逻辑进行了解释;爱德华·索亚则提出了"第三空间"理论和"空间本体论"试图诠释社会空间,以及强调空间在社会研究和城市研究中的重要性,这些都是对空间生产理论的创新性研究,促进了理论研究走向深处,在全球范围内受到热烈讨论和传播。

国外对空间生产的理论研究除了走向深度研究之外,研究的广度也越来越宽,例如,基于日常生活的多样性而产生的空间差异,以及之后衍生出的"差异正义"研究主题;再者,空间生产理论研究最初的以城市中心作为主要研究对象发展成为关注城乡,将乡村作为研究的另一个阵地,开展了一系列研究,并收获了一系列成果(虽然乡村最初就是列斐伏尔的研究范畴,但在空间生产理论发展的初期乡村并未受到重视),如哈尔法克里乡村空间生产模型和弗雷斯沃权力交织模型;另外,对空间的研究转向了微观,并且关注到不同社会群体对空间的认知差异。这些对空间生产理论的细化与拓展,都使得理论研究走向了更宽阔的研究视域。

2. 全面透彻的案例积累

国外对空间生产理论的案例研究兼具了宏观层面、中观层面及微观层面,并且在全球范围内展开,凸显了空间生产理论在不同地域中的适用性。不论哪一个层面的案例研究,都有长期的、丰富的数据作为支撑,许多研究还运用了历史数据对比,定性与定量相结合的分析方式使案例解析具体而透彻。另外,覆盖了城市和乡村的大量不同空间功能属性的案例为空间生产理论提供了全面的实证。

3. 研究面临的困境

起源于法国的空间生产理论具有深刻的启发性和强大的解释能力,成了许多研究领域的研究热点和重要借鉴,至今该理论仍在全球范围蓬勃发展。虽然空间生产理论突破了传统社会研究的物质—精神二元研究模式,但其提出的物质—社会—精神三元论在研究中仍然面临着诸多困境。首先,空间的概念并未获得共识;其次,尽管大量学者致力于将时间与空间结合起来理解,但时间和空间的交织关系仍未找到清晰的梳理办法。

(二)国内研究的不足与方向

由于国内城镇化进程较国外滞后,空间生产理论的研究较国外更为迟缓,虽然目前研究已经有了较为全面的积累,从零散的、片段式的认识研究转向了深入的理解和初步的应用,但是仍然存在诸多不足。

1. 理论研究晦涩且忽略了地域的影响

国内对空间生产理论的研究篇幅众多,主要集中在理论介绍及解释,以及广泛整合和评价相关研究,同国外一样,目前国内对空间生产理论并未形成统一的研究范式。由于我国同西方国家文化差异较大、语言传播受阻、多学科交叉研究的发展趋势等因素,国内对空间生产理论研究呈现出内容晦涩难懂的弊端。

另外,由于对空间生产理论介绍过于强调经济和生产的决定作用(新马克思主义城市理论的重点),而忽略了理论与我国政治特色相结合,也忽略了地方政府对城市空间和日常生活的影响。更值得注意的是,我国作为一个地域辽阔的多民族国家,多元地域文化下的日常生活丰富多彩,将空间生产理论研究与地域自然环境和地域文化相结合是十分必要的,也是不容忽视的,但对空间生产理论研究鲜有在地域特色方向的深化拓展,从而限制了空间生产理论在我国的理论生命力和影响力。

2. 案例研究未能充分体现我国实际情况

国内效仿国外对空间生产理论进行了实证研究,但从目前的案例实证来看,仍缺乏能反映我国空间生产实际情况的案例,尤其是在体现我国现实的日常生活和空间差异方面的实例是匮乏的,这类案例的匮乏一方面是数量上的缺少,另一方面是深度上的缺失。虽然有学者尝试对中国城镇化过程中的资本与权力的关系进行历史解读(杨宇振,2009),也有学者尝试对城市空间生产实例进行剖析(胡志强,等,2013;李鹏,等,2014;周尚意,等,2015),但案例的分析深度和内容的丰富程度仍有欠缺。我国空间生产类型丰富,也有颇多案例分析方法可做基础参考,使空间生产在我国的实证研究极具可行性。

3. 城市边缘区空间生产研究的巨大诉求

国内对空间生产理论的研究要么集中在城市建成区,要么针对乡村中的空间生产,两个研究方向所面临的问题以及空间生产的过程逻辑各不相同,而在城乡过渡带上的城市边缘区往往重叠着城市与乡村所面临的问题,而且亦城亦乡的双重空间属性使城市边缘区空间生产的过程逻辑更加交织复杂。城市边缘区是体现城市多元社会人文的重要区域,也是城市生态服务功能保障的大后方,同时作为城镇化过程最为剧烈的区域,也是城市经济开发的重要地段,空间生产活动在这个区域往往最为频繁,因此,亟须在城市边缘区开展空间生产的相关研究,厘清空间生产过程和逻辑,以避免城乡问题的发生、优化城市边缘区空间结构和经济、社会发展模式,促进城乡的可持续发展。

第三节　空间生产理论在城市边缘区绿色空间研究中的适用性

城镇化过程中的空间生产现象频繁发生的城市边缘区,其绿色空间也不断发生变化,绿色空间的改变与空间生产过程密不可分,空间生产理论为城市边缘区绿色空间研究提供了一个全新的视角。

城市边缘区绿色空间发挥着重要的生态作用、经济作用和政治作用,与空间生产理论一样具有物理性、精神性和生活性(社会性),与空间生产理论具有相同的价值诉求,即以人为本、公平公正和多样性价值诉求。还适用于空间生产理论提出的空间三元辩证法和概念三元组模型。因此,空间生产理论适用于城市边缘区绿色空间的研究。

一、城市边缘区绿色空间具备空间生产的三重属性

城市边缘区绿色空间由自然绿色空间、人工绿色空间和半人工绿色空间三种类型组成,是对自然绿色空间的再加工过程,与人类实

践活动密切相关,是人们日常生活和社会关系网络的空间载体,不难看出,城市边缘区绿色空间不仅具有物理属性,还具有精神属性和生活(社会)属性,这与空间生产的三重属性相契合(见图2-8)。

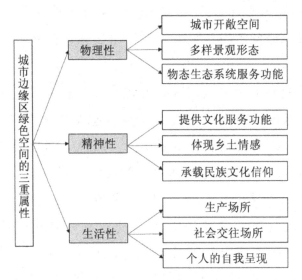

图2-8　城市边缘区绿色空间的三重属性

(一)城市边缘区绿色空间的物理性

城市边缘区绿色空间的物理性体现在三个方面:首先,城市边缘区绿色空间是城市开敞空间;其次,城市边缘区多样的绿色景观形态;最后,城市边缘区绿色空间提供了物态的生态系统服务功能。

1. 城市边缘区绿色空间是城市开敞空间

绿色空间在城市研究中一直具有公共开敞空间的属性,例如,在欧盟都市绿色环境研究项目对绿色空间的定义中就描述为,绿色空间是被绿色植物所覆盖,可以为居民提供方便可达的休闲游憩空间(Evert,2001)。城市边缘区绿色空间同样具有公共开敞空间的属性,是城市的公共物品(叶林,等,2017),具有空间上的物理属性。

2. 城市边缘区多样的绿色景观形态

人类实践活动对绿色空间进行不同程度的改造,使绿色空间呈现出差异化的景观形态,使绿色空间具备了景观的物理性。城市边缘区作为城市开发的重要区域,承载着不同的空间开发类型,比如工业园区开发、近郊旅游景区开发、住宅区开发等,这使城市边缘区的绿色空间呈现出不同风格类型的景观特征,如工业区的行列式绿色空间、旅游区近自然的绿色景观和住宅区内的小块人工化绿地等,这些不同类型的绿色空间景观赋予了城市边缘区绿色空间景观形态的物理性。

3. 城市边缘区绿色空间提供的物态生态系统服务功能

城市边缘区绿色空间是支撑城乡生态系统的骨架,发挥着为城市提供生态系统服务功能的重要功能。绿色空间提供的生态系统服务功能是指自然生态系统及其中的要素为人类生产、生活所提供的一系列条件和过程(Daily,1997),是绿色空间为支撑人类活动和健康生存所提供的物质和精神产品、环境资源和生态功能价值(宋成军,等,2006)。生态系统服务功能涉及广泛,Costanza 将其分为 17 个小类(Costanza, et al. , 1997),在千年生态系统评估项目报告中,生态系统服务功能被分为 4 个类别:支持、调节、供给和文化服务(World Resources Institute,2003),Norberg 则以生态学标准为依据,将生态系统服务功能分为种群维持、外来物质过滤和生物单元通过选择过程创造组织的三大类功能(Norberg,1999)。不论哪种划分方式,绿色空间所提供的生态系统服务功能都体现了物理性,例如绿色空间调节光照与光强、调节温度与湿度、净化环境、调节小气候、降低噪声、涵养水源、防护和减灾、维系生物多样性等功能都是其物理性质的表达。

(二)城市边缘区绿色空间的精神性

城市边缘区绿色空间的精神性属性主要体现在三个方面,一是其生态系统所提供的文化服务功能;二是其承载着乡土情感;三是其作为民族信仰的表征。

1. 城市边缘区绿色空间具有文化服务功能

Daily 将生态系统服务功能分为调节、承载、生产和信息服务 4 个类别，其中，信息服务被认为是文化服务功能的体现（Daily，1997）。同年，Costanza 在对生态系统服务的 17 个分类中就明确提出文化与游憩是生态系统发挥文化服务功能的具体呈现（Costanza, et al.，1997）。千年生态系统评估报告则将文化服务作为生态系统服务的四大功能之一，并将文化服务功能定义为"人们通过精神满足、认知发展、思考、消遣和美学体验而从生态系统获得的非物质收益"（World Resources Institute，2003）。可见，文化服务功能是绿色空间生态系统服务的重要功能。近年来，在绿色空间文化服务功能的各分类中，属游憩功能和美学功能的研究成果最为突出（戴培超，等，2019），这从侧面反映出人们对绿色空间的精神需求正在增加，而绿色空间的精神性属性逐渐受到重视。例如，有学者采用费用支出法和间接价值评估法对张家界森林公园绿色空间的文化价值进行评估，结果发现，张家界森林公园的文化服务功能价值占园区总价值的比例显著上升，从 1990 年的 11％上升至 2000 年的 67％（秦彦，等，2010）。而在实践案例中，将绿色空间与地域文化相结合的景观设计途径与方法研究逐渐成为热点（马雪梅，李焕，2014），这说明绿色空间是地域文化与市民精神生活发展的重要场所。

2. 城市边缘区绿色空间能体现乡土情感

费孝通先生用"乡土中国"来描述中国传统社会形态和价值观念，他认为中国传统的社会形态和价值观念是根植于"土"的，传统中国是以农为本、以土为生、以村为治的（费孝通，2007），这里的"土"，实则是指农业耕作传统，可对应到绿色空间中的农地类型。传统中国基于"乡土"形成了传统的社会治理形态和文化价值观念，即本文所指的"乡土情感"。

在新型城镇化的带动下，城市经历着转型，并在空间模式上向外蔓延，这意味着城镇化转型不仅是城市的转型，同时也是乡村的转型

（刘守英，王一鸽，2018），城市和乡村的人口在城镇化的作用下被迫脱离"土地"，导致其乡土情感失去寄托。城市边缘区乡村的失地农民进入城市谋生后，由于知识与技能的缺失而被边缘化，陷入孤独无依、精神空虚的迷茫境地（何艳冰，等，2017）；而长期在城市中工作的市民则因为脱离了"乡土"而失去人生方向，甚至影响身心健康（李树华，等，2019）。这种情况下，城市边缘区的绿色空间往往成为城乡居民寻找心灵归宿的关键所在。

城市边缘区农地以其优越的区位条件，往往是城市居民在周末和假期体验农事活动、观光山水田园，找回乡土初心的重要场所，也是失地农民通过在地创业或再就业与乡土重建联系的重要条件（陆益龙，2015），是城乡乡土情感的重要凝聚地。

3. 城市边缘区绿色空间是民族文化信仰的载体

城市边缘区往往分布着众多传统乡村聚落，而且不乏少数民族聚落散布其间。在我国，不论是传统聚落还是少数民族聚落，多有树崇拜（王廷洽，1995）的文化信仰，如苗族的枫树崇拜（胡卫东，吴大华，2011）、彝族的林人共生文化（杨甫旺，马粼，2002）、维吾尔族的木文化（艾娣雅·买买提，2001）与北方民族的树崇拜（陈见微，1995）等。树崇拜的文化信仰正是绿色空间的精神性属性的体现，为绿色空间赋予了更丰富的精神、文化内涵。

传统聚落多有风水文化，风水林则是聚落风水的关键影响要素，甚至直接决定聚落的空间格局（关传友，2002；程俊，等，2009）。城市边缘区乡村聚落在风水林文化的作用下形成固有的绿色空间形态，保留了极富乡土特征的群落树种组成和生物多样性格局（廖宇红，等，2008），也蕴含着乡村人们对美好生活的精神向往。

（三）城市边缘区绿色空间的生活性

日常生活有丰富多元的内容，从广义上来说，日常生活是指人的各类活动,包括衣食住行、学习工作、悠闲游憩、社交娱乐等,生活是比生存更高层面的一种状态。城市边缘区绿色空间是日常生活的重要场所,其生活性主要体现在作为重要的生产场所、社会交往场所和人的自我呈现空间三个方面。

1. 城市边缘区绿色空间是重要的生产场所

城市边缘区绿色空间兼具城镇化前的传统乡村生产生活空间的特征,以及城镇化作用下的生活—生产、生态生产复合型功能空间特征(席建超,等,2016)。城市边缘区的传统乡村是农业产业为主,绿色空间作为人们的主要生产场所,此类农地呈现围绕乡村外围的空间分布特征。随着城镇化的进程,城市边缘区的乡村出现空心化现象,产业结构发生重构,农业产业为主的传统乡村产业模式转变为生活—生产、生产—生态等复合型新型产业模式,如近郊生态旅游、近郊农事和采摘体验等产业的发展,绿色空间仍然是城市边缘区乡村重要的生产空间,空间分布特征则由传统的村外分布转向了村内及周边的聚集式分布。

2. 城市边缘区绿色空间是社会交往的重要场所

城市边缘区的绿色空间是城乡居民重要的社会交往空间,就乡村而言,树下乘凉和外出务农是人们交往的重要方式,绿色空间为社会交往营造了宜人亲切的交往环境。对城市居民而言,城市边缘区的绿色空间是家庭、亲友短途旅行的重要目的地,户外烧烤、爬山登高、溪水垂钓,都离不开绿色空间的支撑。

3. 城市边缘区绿色空间是人的自我呈现的组成

城市边缘区的绿色空间一方面承载着城市居民对美好生活的向往,另一方面是当地居民构建自己理想生活场景的关键要素。城市居民可通过城市边缘的郊野空间疏解日常工作中的压力,在绿色空间中找回自我。当地居民则通过营造房前屋后的绿色空间,或者管理私人承包的农地,实现个体的主观创造性,呈现自我个性和价值(见图 2-9)。

图 2-9　贵阳市城郊村村民自住的院落种植景观

二、空间生产理论与城市边缘区绿色空间具备相同的价值诉求

城市边缘区绿色空间的生产与空间生产理论有一致的价值诉求,首先是以人为本的价值诉求,绿色空间的生产或者再生产应以人的需求为导向,不论以何种形式,绿色空间的生产应当是为人服务的,在绿色空间生产过程中需要关注城乡多个个体的社会价值,从而彰显整个绿色空间的价值,绿色空间需要与人的价值进行有机结合,在绿色空间中实现人的主观能动性和个体创造性。

其次,城市边缘区绿色空间生产需要做到平等正义,绿色空间作为城乡的公共物品,是城乡居民实现绿地公平的重要载体之一,城市边缘区绿色空间是城乡交融之处,除了需要强调不同个体在空间中的均等性之外,还需倡导城乡空间利益的均等性,促进城乡社会的和谐关系。要实现城乡绿色空间的现实平等,则需要系统分析城乡居民对城市边缘区绿色空间的差异化需求,使多元主体能够各得其所。

最后,城市边缘区绿色空间还具有多样化的价值诉求,城市边缘区的绿色空间本身就具有多样性特征并充满活力,这是其能够在城镇化进程中持续发展的原因之一。城市边缘区绿色空间具有强大的包容性,满足了城乡居民的复杂的物质空间需求和精神空间需求,多样化的绿色空间同时激发出城乡居民的创造性和对生活的积极态度,在空间生产过程中,需要延续和激发出城市边缘区绿色空间更大的多样性功能与价值,构建出多元的绿色空间场景。

三、空间生产理论在城市边缘区绿色空间特征研究中的应用路径

空间生产理论所提出的日常生活研究视角为城市边缘区绿色空间特征研究提供了新的研究视野,而空间生产理论中的"空间三元论"和"概念三元组"模型为城市边缘区绿色空间的特征研究提供了工具方法,此外,空间生产理论的三个批判主题为城市边缘区绿色空间研究提供了三个维度。因此,空间生产理论在城市边缘区绿色空间特征研究中具有可行的应用路径(见图2-10)。

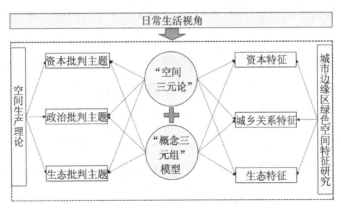

图 2-10　空间生产理论在城市边缘区绿色空间特征研究中的应用路径

城市边缘区绿色空间特征研究可以采用空间生产理论的日常生活研究视角,参考空间生产的三个批判主题,开展三个维度的绿色空间特征研究,分别为绿色空间的资本特征、绿色空间的城乡关系特征和绿色空间的生态特征,三个维度的绿色空间特征研究均可以综合运用"空间三元论"和"概念三元组"模型为工具方法。可见,空间生产理论在城市边缘区绿色空间特征研究中具有较强的可操作性。

小结:

本章系统性地介绍了空间生产理论,从时代背景、理论渊源、内涵和理论体系、价值诉求和批判主题、空间生产属性和空间生产分析方法六个方面展开介绍。空间生产作为特定时代背景下的产物,其理论是源自对马克思社会空间批判的启示,同时还将日常生活的空间作为重要的研究范畴,并运用景观社会批判的社会学分析方法对空间生产过程进行深入批判。空间生产具有理论上的内涵和现实意义的内涵,其理论体系包括众多研究者在列斐伏尔的空间生产理论基础上的创新性研究,如大卫·哈维的"资本三级循环"和"空间正义"思想、米歇尔·福柯的空间生产权利逻辑和曼纽尔·卡斯泰尔的空间生产中社会民众思想等。空间生产理论是以"以人为本、平等正义、多样化"为其价值诉求,其批判主题包括空间生产过程中的资本批判主题、政治批判主题和生态批判主题,而空间生产的过程具有物理性、精神性和生活性(社会性)三重属性。空间生产理论提出了独具创新的分析方法——空间三元辩证法(又称空间三元论),认为对空间生产过程的分析应当跳脱出传统的物质—精神二元分析模型,而采用物质—社会—精神三元分析模型,将空间中的社会空间属性和社会空间演变过程纳入空间分析中。关于如何分析空间,空间生产理论则创新性地将空间分为三种空间形态类型(概念三元组):空间实践、空间表征和表征空间,使空间与社会关系网络联系起来。

西方是空间生产理论的发源地,研究基础已经十分深厚,其对空间生产的理论研究经历了四个阶段:结构主义社会学批评与空间政治经济学研究阶段；后结构主义地理学解释阶段；以日常生活和空间差异为研究主题的阶段；乡村空间的理论应用、微观城市空间和社会群体空间认知的研究阶段。国外空间生产理论研究同时积累了大量细致深入的城市案例研究。相较于国外，国内空间生产理论的研究起步较晚，研究主要包括空间生产理论的引入；空间生产理论在城市规划和城市地理学领域的应用；空间政治经济学角度的研究三个方面，不论是理论研究的广度和深度，还是案例研究的丰富度都存在较大欠缺，同时，城市边缘区作为城乡过渡带，是空间生产发生最为频繁、程度最为剧烈的区域，存在巨大的空间生产的研究诉求。

　　由于城市边缘区绿色空间与空间生产具有相同的三重属性和同样的价值诉求，同时，城市边缘区绿色空间还适用于"空间三元论"和"概念三元组"模型，空间生产理论与方法适用于城市边缘区绿色空间的特征研究。

第三章

城市边缘区绿色空间的资本特征

空间生产下的城市边缘区绿色空间改造与资本增值逻辑有密切的关系,资本不仅推动了城市边缘区绿色空间的改造实践,还主导了绿色空间改造活动的过程,引发了城市边缘区诸多危机。然而,资本是如何操控城市边缘区绿色空间改造过程的呢?受资本操控的城市边缘区绿色空间呈现何种特征呢?这正是本章探讨的核心内容。

资本增值逻辑通过全球化的方式在全世界扩张,也将全球化带到了城市边缘区,带动了城市边缘区绿色空间的全球化,这种全球化在绿色空间中的表达是以同质化为特征,以服务于城市为特征,以技术理性下的机械化操作和工业审美为特征。资本增值逻辑在城市边缘区的扩张使绿色空间改造呈现景观异化、社会异化和消费异化的特征,城市边缘区的人文精神空间被资本增值逻辑肢解,城乡社会空间网络被资本增值逻辑破坏,而城市边缘乡村原本具有自主创造能力的居民主题也陷入了诸多异化现象带来的迷茫境地。

然而,资本增值逻辑对城市边缘区绿色空间改造活动的影响并非全是负面的,资本为城市边缘乡村生产力发展和社会进步做出的贡献显而易见,空间生产活动也为更多创新性的城乡互动提供了可能,资本增值逻辑犹如一把"双刃剑",在人们使用它大刀阔斧地改造城市边缘区绿色空间以创造更多经济价值的同时,它也损害了人类长久的生存利益和城乡可持续发展的潜力,这不得不让人们反思如何在城市边缘区绿色空间中使用资本增值逻辑才能构建出生产、生活、生态三者的和谐关系。

空间生产理论提供的研究视角和研究的方法工具,不仅揭示了资本增值逻辑对城市边缘区绿色空间造成的种种危机,也启发了人们对危机应对的反思,引导人们积极探索解决危机的路径。

第一节 空间生产下城市边缘区绿色空间与资本的关系

城市边缘区空间生产使绿色空间被不同程度地改造,自然绿色空间被改造成为人工绿色空间或半人工绿色空间,抑或是改变自然绿色空间的功能,通过增设基础设施和公共服务设施,使其满足人类生产、生活的需求,再或者将原有的人工/半人工绿色空间进行再次改造,以适应人类新的需求。不论哪种情况的改造,城市边缘区空间生产中人类不同目的的实践活动对绿色空间都有不同程度的影响,这种影响是贯穿于现实意义和抽象意义的,绿色空间的物理形态和功能、对精神人文的表达和塑造以及对日常生活的支撑与融合关系在空间生产的作用下都会发生变化。

资本与城市边缘区绿色空间存在密切的互动关系,一方面,城市边缘区绿色空间在空间生产中呈现出为资本服务的趋势;另一方面,资本通过空间生产深度渗透到城市边缘区绿色空间中,依靠绿色空间获得资本积累,资本推动城市边缘区空间生产的同时使绿色空间不断背离其人文价值。

一、资本通过空间生产推动城市边缘区绿地空间改造

资本通过推动城市边缘区空间生产直接改造了绿色空间,而这种绿色空间的改造在资本增值的导向下呈现出生产水平高、全球化

特征明显和城镇化程度加深的特点。

（一）资本提升了城市边缘区绿色空间生产水平

　　资本的注入推动了城市边缘区社会生产力进步，提高了劳动效率，促进了绿色空间改造方式的改变，提升了绿色空间生产水平。具体可以呈现为绿色空间生产工具的改进和生产技术的改进。为了追求最大限度的利润，资本通过技术革新对自然绿色空间进行改造，如大面积种植非乡土植物，营造新奇景观吸引客流（见图3-1）；再如人工开挖湖泊、建造人工湿地，铲平山体、种植价格高昂的人工草坪（见图3-2）等，这些人工绿色空间均是以先进的生产力为基础，资本为达到增值目的，又不断进行技术革新，激励绿色空间人工化改造的热情。

图3-1　贵阳市城郊景区种植的格桑花田引来游客拍照

图 3-2　贵阳市城郊景区培育的人工草坪

(二)资本推动了城市边缘区绿色空间走向全球化

在资本增值的推动下,全球交通基础设施和信息网络系统不断完善,全球联系不断加强,全球化对人类社会的影响体现在方方面面。资本推动的全球化使空间生产在全球范围内扩展,同时驱使全球范围内的空间生产模式趋同,使全球空间在经济、文化、政治方面都呈现出一体化趋势,也引发了各地域的本体文化危机,这种一体化趋势在资本主导的城市边缘区空间生产中体现的尤其明显。

资本在通过空间生产开拓城市边缘区市场时,也将全球文化带入城市边缘区的绿色空间中,使绿色空间中蕴含的本土文化内涵逐渐模糊,并不断丧失绿色空间本土文化的自我更新能力。以贵州省贵阳市城市边缘区的云漫湖国际休闲旅游度假区为例,景区由幸福时代生态城镇开发有限公司修建,是集"文、商、旅、居、医、养、创"于一体的新兴产业综合体,以瑞士风情为特色。资本通过空间生产的方式注入资金建造景区,在空间生产过程中大量改造绿色空间,以打造瑞士草地、森林、湖泊相映衬的乡村景观特色(见图3-3),并引入国外植物物种在景区内种植(见图 3-4),主要引入热带和亚热带地区典型代表植物,以及实验室培育的诸多植物品种,营造出似幻似真的异域风情,使人们迷失在其间,一举一动皆受资本设计的消费逻辑所控制,遮蔽了个体的自我意识,也忘却了贵州本土的绿色景观特征与文化内涵,而绿色空间本土文化的自我更新能力几乎丧失殆尽。

图 3-3 贵阳市城郊景区的人工草坪和瑞士风情景观

图 3-4 贵阳市城郊景区的异域植物景观

（三）资本促进了城市边缘区绿色空间的城镇化

城镇化是指农村人口转变为城镇人口的过程,资本推动下城市边缘区的空间生产正是城镇化过程在空间形态上的呈现,而城市边缘区绿色空间的再生产极具城镇化特征。城市边缘区的自然绿色空间重新改造后,被赋予了城镇化的复合功能,市民或村民对绿色空间的使用从传统的农业产业空间支撑转变为农业与第三产业的空间支撑,或者直接由农业产业的空间支撑转变成纯粹的第三产业的空间支撑。而绿色空间在空间生产过程中逐渐被商品化,为满足消费者的审美需求以达到资本增值的目的,绿色空间的景观形态经常变换,在城市边缘区呈现出多样化的商品形态(见图3-5、图3-6)。

总之,资本推动城市边缘区绿色空间生产方式的变化,且绿色空间生产水平在资本的推动下得到了提高,资本运作逻辑对绿色空间的现实价值和文化内涵都产生了影响,这种影响是一把"双刃剑",提升社会生产力的同时也遮蔽了绿色空间的本土文化内涵,制约了本土文化的自主更新能力和城乡居民个体的自主创新意识。

图3-5 贵州省大方县花海梯田景观

图 3-6　贵阳城郊花画小镇景区花海景观

二、空间生产下城市边缘区绿色空间推动资本增值

空间生产下城市边缘区绿色空间将自然资源整合为促进资本增值的工具，维护了资本增值的机制。

(一)城市边缘区绿色空间是资本增值的工具

城市边缘区的绿色空间为资本增值提供了自然资源与空间条件，空间生产将自然空间对象改造成资本增值的工具，资本推动的城市边缘区空间生产将自然资源商品化，原本具有公共物品属性的自然空间转变为资本牟利的商品。而对资本最大限度增值的追求使城市边缘区绿色空间生产现象不断扩大，这种绿色空间生产的统一僵化模式改变了本来富有活力的自然空间和日常生活空间，将其转变成资本增值的要素，绿色空间的实体价值被掩盖，呈现出的是其抽象价值，这种抽象价值是资本增值的忠实工具，为资本增值服务。

在贵阳市城市边缘区选择资本增值为导向的绿色空间——云漫湖国际休闲旅游度假区和公共空间属性的绿色空间——花溪十里河滩湿地公园进行绿色空间特征与关联消费对比(见表 3-1)，可见，资本增值主导的绿色空间设置了门票,直接将绿色空间商品化,依托绿色空间所衍生的交通、餐食、住宿等商品定价远高于周边自主发展起来的商家定价,资本对最大限度增值的追求展露无遗,而绿色空间所呈现的抽象价值则是实现资本增值的手段和工具。

表 3-1　贵阳市城市边缘区资本增值导向的绿色空间再生产与
公共属性的绿色空间的特征与消费对比

类别/项目	云漫湖国际休闲旅游度假区	花溪十里河滩湿地公园
绿色空间景观特征	瑞士风情小镇	自然湿地景观
绿色空间属性	商品属性	公共空间属性
绿色空间要素	人工/自然草坪、异域花卉和乔、灌木、乡土植物、人工/自然地形	乡土植物、天然山水地形
景区门票	69 元/人	—
景区内交通	园内观光车 30 元/小时(按 4 小时/天计算)	自行车租用 2 元/小时(按 4 小时/天计算)
景区内餐食	人均 100 元左右	人均 50 元左右
景区内住宿	最低 499 元/标准间	市场价 100 元/标准间
单日赏、食、住、行总计	788 元/人	158 元/人

资料来源:作者根据调研梳理。

(二)城市边缘区绿色空间巩固了资本增值机制

以资本增值为目的的城市边缘区空间生产,通过绿色空间的商品化制造并巩固了社会阶层的空间意识和社会关系。人类的思想和行为需要借助空间才能得以实现,而空间生产也是一种通过控制空间而控制人的意识形态和行为的方式。资本主导的城市边缘区空间生产将绿色空间原有的自然空间结构重组,将绿色空间人性化,将绝对空间改造成了抽象空间,这是资本在空间上的拓展形式,也是运用资本运行逻辑和规则,制造出新型绿色空间形态,打破原本的地域平衡,使绿色空间为资本增值和运转提供最大的便利。

抽象化后的绿色空间对空间进行了等级划分,呈现出日常生活异化的现象,并且充满了政治意识形态,通过为绿色空间商品设定价格门槛进行社会阶层划分,达到"不是所有人都能进入这类空间"的效果,固化了社会阶层的空间意识和社会关系。绿色空间容量是有限的,将不利于资本增值的因素驱除出去,从而加剧了绿色空间的不平等不正义现象,资本在这类绿色空间改造中占据了霸权地位。空间生产下绿色空间改造日益成为资本控制人们意识形态的工具,以巩固资本增值的运行逻辑与机制。

三、资本与城市边缘区绿色空间的相悖

资本是城市边缘区空间生产的主导力量,但资本与绿色空间之间存在相悖性。它们在价值指向上存有相悖之处,并且资本增值推动的空间生产使绿色空间偏离了人们日常生活的真实需求,而对资本最大限度增值的追求使城市边缘区绿色空间生产过度化,导致自然空间资源的巨大浪费,也引发了生态系统失衡。

(一)资本与城市边缘区绿色空间的人文价值相悖

空间生产是人类社会发展到一定阶段的产物,是随着人类社会生产力提升而产生的,是服务于人类的生存与发展的,从本质上来说,空间生产是为了更全面、更高质量地满足人类的物质需求。城市边缘区空间生产下的绿色空间同样是为了满足人们对更丰富的生活资料的需求,绿色空间的生产过程也展现出人类更多元的社会关系和人自我发展的价值诉求,蕴含着差异性和多元性。然而,地球上的自然空间是有限的,多元的人文和差异化的社会空间形态都需要经过漫长时间的积淀才能最终在绿色空间中呈现,但是资本却另辟蹊

径,资本强大的生产力使占有、掠夺和重构绿色空间在瞬间发生,其价值指向不是差异、多元的人文价值,而是最大限度地获取剩余价值。因此,资本主导的绿色空间生产常常超出自然资源的承受力,在生产过程中破坏了大量的自然空间资源,制约了人类的可持续发展。

总之,资本主导的城市边缘区空间生产价值指向与绿色空间的价值指向是相背离的,资本是指向最大限度地获取剩余价值,城市边缘区绿色空间则指向人类生存的理想环境与高品质的物质资料供给,是为人类生存发展所服务而非资本增值。

(二)资本引起城市边缘区绿色空间的异化现象

城市边缘区绿色空间的异化现象除了绿色空间自身的异化现象外,还有绿色空间中城乡关系、经济的异化现象,以及随之产生的意识形态异化现象。另外,城市边缘区绿色空间的异化现象还涉及人文价值领域,符号化的绿色空间景观具备强大的自我复制功能,侵占日常生活后迅速蔓延繁殖,借助资本增值的霸权地位,使原本丰富多元的日常生活被人们拒之门外。

资本增值主导的城市边缘区空间生产,借助资本先进的生产力水平,对绿色空间进行统一模式的大规模改造,绿色空间生产与原有的丰富多元的日常生活彻底断裂,空间中原本真实的日常生活场景被迫退出舞台,取而代之的是绿色符号景观(如奇花异草、人工花海花田、人工湖等),绿色空间失去原有的现实价值,隐性的抽象价值被显现并强调,从而造成日常生活的异化。资本增值主导的空间生产将绿色空间的具体和抽象、现实与幻境的界限消解,使符号世界取代了真实自然环境,凌驾于日常生活之上。

(三)资本造成城市边缘区绿色空间改造的过度化

资本增值的冲动使城市边缘区空间生产在强度上不断加大,而且速度被提高。绿色空间原本的自然资源被改造成抽象空间,通过消除地域空间障碍和文化差异,最大限度地达到资本增值的目的。以贵阳市为例,将百度地图2005年、2010年和2020年的POI数据("Point of Interest"的缩写,可以翻译成"兴趣点",也有些叫作"Point of Information",即"信息点",景点、政府机构、公司、商场、饭馆等,都是POI)作为统计依据,将"山庄""度假"作为关键词,以贵阳市为搜索范围。发现城市边缘区山庄和度假区增长速度逐年增加(见表3-2)。值得注意的是,由大型资本主导的城郊度假村或度假酒店的增长速度远大于小规模的山庄类,尤其是2010—2020年。一般来说,山庄的建设规模较度假村/酒店小,大部分由个体资本投资,受个体生产力的局限,对绿色空间的改造程度较小。而度假村或度假酒店则由雄厚的资本筹建,生产力水平较高,对绿色空间的改造程度远大于山庄类。

表3-2　贵阳市山庄和度假区统计

年份	山庄类绿色空间(处)	度假村/酒店类绿色空间(处)	共计(处)
2005	4	1	5
2010	74	13	87
2020	90	61	151

资料来源:作者根据百度POI数据梳理。

不论是集团资本还是个体资本主导的空间生产,都具有强大的复制能力,绿色空间在资本增值需求的塑造下失去了区域差别和多元化。绿色空间本是自然所创造的作品,有其不可复制的独特价值,而资本所塑造的绿色空间是人造商品,是能够被模仿和复制的产品,是雷同化的,具有同质性,在资本增值的冲动下不断进行自我复制,使绿色空间中的异化现象不断绵延,进而造成日常生活的异化。资本主导的空间生产使绿色空间被快速地过度改造,失去了其作为自然所创造的作品的价值,而成为人为生产的可复制的商品。

第二节　空间生产下城市边缘区绿色空间资本化特征的生成逻辑

　　资本通过城市边缘区空间生产渗透到绿色空间中,引起了城市边缘区绿色空间的资本化现象,绿色空间的资本化现象不仅指绿色空间被资本增值所渗透和控制,还包括绿色空间成了执行资本增值的工具,促进资本运作。资本推动绿色空间资本化的过程具有其生成逻辑,体现了深刻的时代背景。资本在城市空间上的扩张是伴随着人类从工业时代到都市时代的转变,人的社会空间形态经历了农业、工业、都市三种形式,在三种社会空间形态中人的行为从满足生存需求转变为剩余价值积累,再转变为消费娱乐。

　　城市边缘区绿色空间同样经历了社会空间形态和人的行为方式的转变,但是这种转变并非是同步的,城市边缘区作为城乡交融的区域社会空间形态具有复杂性,兼具农业、工业、都市三种特征,在这种复杂社会空间形态下,人的行为模式也具有融合性,这种时代背景下,绿色空间应当具有差异性、融合性和多元性,以满足不同行为模式的诉求。

一、技术理性下城市边缘区绿色空间生存境遇

　　在全球信息化、技术化的当代,城市边缘区空间生产走技术理性的路线,绿色空间被工具理性和技术理性所绑架,使人们不得不反思绿色空间中所蕴含的价值。科学技术的发展在使人类飞跃式进步的同时也带来了社会异化现象的弊端,空间生产下的城市边缘区绿色空间受工具理性和技术理性的驱使被大规模重组,改造后的绿色空间充满了资本增值的法则,符号化的物理形态对应的是虚无缥缈的精神世界,带来了与绿色空间相关联的日常生活的全面异化。同时,资本主导的空间生产为达到资本增值的目的,为绿色空间赋予新的

抽象内涵并将其突出表达,消解了其现实价值和蕴含的社会人文价值以及生态系统服务价值,绿色空间因此失去了社会人文和生态系统服务的自主更新能力,陷入符号化表达的境地,使享乐主义得以在城乡蔓延。技术理性使绿色空间的内涵表面化,用符号化的表达遮盖其现实意义和其背后承载的日常生活的真实(见图3-7),使绿色空间成为"蒙骗"大众的工具,从而限制了个体的创造力和自由意志。

图 3-7　贵阳市城郊楼盘碧桂园凤凰城内人工绿色景观

二、消费社会下城市边缘区绿色空间的呈现

消费社会使空间成为控制人思想和行为的工具,空间中的真实事物被赋予异化的特征,真实内涵被抽离,资本用铺天盖地的景观符号,使置身于消费空间中的人犹如悬浮在海市蜃楼的幻境中,潜移默化地控制人的思想和行为。在空间生产下,城市边缘区绿色空间被重组成符号化的空间世界,成为符号价值的载体,被当作商品。绿色空间的符号化景观并非真实世界,而是消费社会精心设计的商品(见图3-8、图3-9),使绿色空间产生异化现象。

资本主导的城市边缘区空间生产是以最大限度的资本增值为目

图 3-8 贵阳市城郊碧桂园楼盘物业精心养护绿色空间

图 3-9 贵阳市城郊碧桂园楼盘物业精心种植绿色景观

的,其中的绿色空间改造充满了消费主义的主张,凭借绿色空间的符号化和商品化,使社会消费活动呈现符号化倾向,人们购买的并非绿色空间的真实价值,而是资本赋予绿色空间抽象价值,是绿色空间符号化背后的身份地位、权力、名誉或等级象征。绿色空间中日常生活的片刻被景观化和符号化,导致绿色空间被物化成虚假的消费影像空间。

三、全球化下城市边缘区空间生产的绿色空间模式

资本打破空间壁垒,使空间生产在全球范围内发生,并以统一的工业化市场体系进行。全球化的空间生产扩张将差异空间简单化地总结为抽象的等级性空间,形成城市统治乡村的地理格局,城市在城市边缘区的空间生产过程中也占据了强势的统领地位。资本通过全球化实现在空间上的扩张,使资本增值的同时传播资本的价值和理念,重复性高且规模较大的空间生产方式与地域文化发生斗争,全球化与地域文化之间显现出不平衡的地理发展。

全球化作用下,城市边缘区绿色空间受资本扩张的影响十分显著,且处于被动维护资本增值的处境,同时,城市边缘区绿色空间的地域性特征被资本粗暴的符号化表达所掩盖,消解了原本平衡的城乡空间格局。城市边缘区绿色空间在资本主导的空间生产下面临着商品化、同质化、去地域化的境遇。

第三节　资本主导的空间生产在城市边缘区绿色空间引发的危机

空间生产是资本实现增值的主要工具。在城市边缘区资本主导的空间生产中,资本会对绿色空间造成符号化、景观化、同质化和消费化等消极影响,资本将绿色空间作为资本增值的工具,阻碍了绿色空间现实价值的表达和输出。资本通过掠夺和改造绿色空间的方式最大限度达到增值的目的,造成了绿色空间中诸多关系、意义和功能的错位。

一、绿色空间符号化

资本对空间的符号化处理在列斐伏尔的空间生产理论中被称为功能的向功能化的转化,物品的实际价值被称为功能,而功能化则是

通过操纵符号构成抽象体系,达到物品功能转化为物品的功能化,这就是符号化的生成。

资本增值为导向的空间生产,通过对城市边缘区绿色空间进行符号化改造达到资本增值的目的,引发了城市边缘区绿色空间的价值危机。这种绿色空间符号化的表达包括绿色空间中日常生活的符号化和消费的符号化。

（一）绿色空间中的日常生活符号化

城市边缘区绿色空间是城乡生活的重要公共资源,与人的日常生活紧密相关,塑造了城郊人居环境的同时也塑造了城郊的日常生活图景(郑曦,2021)。资本主导的空间生产为追求资本增值,通过符号化的技术手段将城市边缘区的真实日常生活掩盖甚至铲除,植入更利于资本增值的符号化日常生活,构建出虚假的日常生活图景,以带动人们在虚幻图景中的消费热情(见图 3-10、图 3-11)。

图 3-10　贵阳市城郊楼盘中铁我山打造的苏格兰牧场景观

图 3-11　贵阳市城郊楼盘中铁我山打造的苏格兰牧场人工草坪

资本增值为导向的城市边缘区空间生产使真实的日常生活被消解,真实的绿色空间被符号意义的重新组合转变为虚幻的日常生活空间,人们游走其间,所得到的不再是绿色空间的日常生活实用功能,而是其象征价值。绿色空间中的日常生活被符号化,使真实的日常生活变得贫乏,消解了人们对地域人文的自由追求,肤浅地展示虚假的绿色空间生活景象,企图填补被消解的真实日常生活,导致居民丧失对自身文化的觉醒。

(二)绿色空间中的消费符号化

资本增值为目的的空间生产通过对绿色空间的符号化改造指引

消费,同时制造消费,符号化的绿色空间所提供的消费商品是符号背后的价值意义,这正是消费社会在绿色空间中的呈现,消费的符号化是真实与现象、传统思想与消费主义的矛盾体现。绿色空间的符号化并非仅仅是文化的表达,同时也是对绿色空间所承载的文化的创造,而绿色空间符号化消费在根本上是一种文化体验消费,在此过程中,人们沦为文化的旁观者,而非文化的参与者和创造者。

绿色空间消费的符号化是通过符号编码消解区域差异的过程,在资本增值的需求下,绿色空间被组建成促使人们进行消费的模式,绿色空间的实际价值总是有限的,但绿色空间消费的符号化却有无限的象征意义,当绿色空间进入消费符号化的组合表达体系时,一连串的符号象征意义便呈现在人们眼前,资本再利用数字媒体媒介和网络技术,使符号化象征意义广为宣传,使消费活动获得持续的生命力,使资本达到增值的目的,而绿色空间的实际价值则被忽略。

绿色空间中的消费符号化会带来严重的社会后果,一方面,符号本身的意义在于区分差异,对符号所代表的物质或者文化进行区分(颜景高,贺巍,2013),绿色空间的日常生活符号化本质上是绿色空间的全面异化过程,在此基础上的消费符号化同样是消费异化的具体呈现,人们在真实的绿色空间中消费"不存在"的符号象征意义,会导致人们陷入文化认同感迷失的后果。另一方面,消费符号化所销售的是人们对符号背后价值和意义的向往和追求,却抹杀了个体的真正个性,忽略了个体的自主意识和创造力,消费符号化的背后是对人进行了等级和类别划分,人们参照符号来确认自己的价值和身份,放弃了自己的独特性而丧失自我认知的能力。

二、绿地空间功能错位危机

资本主导的空间生产引发了诸多城市边缘区绿色空间功能错位危机,包括绿色空间中的城乡关系错位、社会意义错位、日常生活错位和供需关系错位。

（一）绿色空间的城乡关系错位

城市边缘区绿色空间作为城乡公共空间资源，是城乡关系的呈现，然而，资本主导的城市边缘区空间生产使绿色空间原本平衡城乡空间格局、维持城乡生态平衡的功能发生错位。

城市边缘区在城乡交错区域，因有丰富的边缘效应而具有珍贵价值，绿色空间在城市中心区属稀缺资源，在城市的居住危机和开发压力下，城市边缘区绿色空间发挥着疏解城市压力、消解环境污染、提供休闲游憩功能、承载城市开发等关键作用，城市边缘区绿色空间推动着城市的健康可持续发展。但是，资本主导的城市边缘区空间生产使资本利益的权力凌驾于乡村和绿色空间之上，用掠夺的方式大量侵占绿色空间，原本平衡的城乡格局被资本增值主导过度化空间生产所破坏，城市边缘区绿色空间原本具有的支撑城市发展、消解环境污染、提供生态系统服务等功能被泯灭，反而成为绿色空间过度开发、城乡环境污染、生态系统服务功能低下的问题爆发区。

于城郊乡村而言，城市边缘区绿色空间除了发挥生态功能以外，还是城郊乡村的生产、生活空间，乡村原本作为城市边缘区绿色空间塑造的重要主体，却在资本主导的空间生产过程中处于弱势地位。资本增值为目的的空间生产下，绿色空间所能承载的内容有限，资本为了最大限度地增值，将不利于资本积累的乡村生产和生活要素排除在外，由此乡村在城市边缘区绿色空间的塑造权力被城市资本所掠夺，而城市边缘区绿色空间服务城乡的平衡格局也被打破。

（二）绿色空间的社会主体错位

资本通过符号化的空间生产呈现丰盛的物品和信息，空间的符号化生产不仅仅是在日常生活和消费方面，还展现在社会主体方面。资本使用符号象征意义所组建的绿色空间脱离个体真实需求，同时资本还通过类别和等级划分对个体进行符号化设定，通过迎合目标消费人群的喜好,达到资本获取利润的目的。

在真实的城市边缘区日常生活下,绿色空间的社会主体是多元化的,城乡融合的区位特征使城市边缘区绿色空间由乡村主体和城市主体共同组成。乡村中的农民作为主要的社会主体,对城市边缘区绿色空间形态起关键作用,而城市中低收入人群和其他弱势群体受惠于较低生活成本在城市边缘区生存。同时,城市边缘区绿色空间是向全年龄段的社会主体开放的,具有强大的包容性。可见,原本城市边缘区绿色空间的公共物品属性十分凸显,并且是城乡对多元社会主体包容性的呈现。

资本增值为目标的城市边缘区空间生产以吸引消费能力较强的年轻人群为目标,迎合年轻人的个性和喜好,通过鼓吹个性自由,用眼花缭乱的影像遮盖多元社会主体的真实日常生活。年轻人的快乐和满足、悲喜和忧郁成为资本在城市边缘区符号化空间生产中的主导要素,其他社会主体对绿色空间的诉求则被资本排除在空间生产之外,处于资本边缘的社会主体逐步丧失了积极争取公平使用城市边缘区绿色空间的权力。

(三)绿色空间的供需关系错位

Costanza将绿色空间生态系统服务功能分为支撑、调节、供给、文化4种类别,城市边缘区作为城市与自然腹地的过渡地带,发挥着为城市输送生态系统服务功能的重要作用,资本增值主导的城市边缘区空间生产利用符号化技术使绿色空间的文化功能凸显,却消解了绿色空间生态系统服务的其他功能。

资本主导的城市边缘区空间生产将绿色空间作为获取利润的工具,对其进行大规模的符号化改造,原有的生态系统被破坏甚至不复存在,重新构建绿色空间多为人工或半人工绿色空间,需要持续的外部人工维持投入,重组的绿色空间生态系统丧失了自我维持功能,城乡生态系统服务的能力被消解。另外,资本通过先进的生产力引进外来物种打造奇幻景观,忽略了物种入侵的危害,绿色空间支撑乡土生物多样性的功能被损害。再者,城市边缘区绿色空间原本承担着为城市提供新鲜蔬果等物质资料的功能,被资本符号化重组后的绿色空间,供给功能大大削弱。

第四节　资本主导下城市边缘区绿色空间危机的应对

针对资本主导下城市边缘区空间生产中绿色空间所面临的符号化危机和功能错位危机,笔者提出三方面应对策略:绿色空间功利价值与道义价值的统一融合、绿色空间使用权力和义务的平等分配和绿色空间中日常生活的保留与发扬。

一、绿色空间功利价值与道义价值的统一融合

空间生产的价值指向是人的全面发展,空间生产中绿色空间的价值指向是人类的理想人居环境,因此,在资本主导的空间生产中,绿色空间构建的基本原则应是功能价值与道义价值的统一融合。城市边缘区空间生产过程中塑造绿色空间的主体十分多元且利益冲突明显,资本对增值的无限制追求使绿色空间的功利价值凌驾于道义价值上,这是空间生产过程中绿色空间需要应对的问题。空间生产下绿色空间的功利价值是带动消费热情和将绿色空间转变成消费和体验的商品,帮助资本获得最大的经济利益。而绿色空间的道义价值则是无差别地服务公众的意识和社会责任,是绿色空间改造行为的道德化。

资本在空间生产过程中对绿色空间进行改造是因为绿色空间能够成为资本增值的直接手段,是资本实现增值的技巧,绿色空间与资本结成了联盟,绿色空间的功利价值成为维持资本流通和增值的工具。然而,资本的逐利性使资本主导的空间生产受市场经济影响,存

在自发性和盲目性弊端,对绿色空间的改造同样有自发性和盲目性的特征,对经济效益的过度追求造成绿色空间的公共资源的属性被减弱,为服务公众的意识和社会责任被弱化,甚至导致绿色空间与低收入人群等弱势群体之间的关系断裂与空间隔离,道义价值被资本的逐利性所掩盖。

因此,城市边缘区绿色空间的改造需要在道义价值的规范下进行,在资本主导的城市边缘区空间生产过程中需将道义规范和市场经济融合考虑,对绿色空间的重构也需要将绿色空间的功能价值和道义价值进行融合考虑和统筹规划设计。

二、绿色空间使用权利和义务的公平分配

资本增值主导的空间生产将绿色空间的使用权利转变成少数人的权利,绿色空间的符号化成为特权人群的身份和等级象征,造成了绿色空间使用权利的不平等现象。人们正是从空间的使用过程中得到自由和平等的价值信念,在空间使用规则中得到权利和义务的社会公平意识,因此,在绿色空间重构过程中不能使强势群体只享受权利而不尽义务,而使弱势群体只尽义务而剥夺他们的绿色空间使用权利。不论是富裕还是贫困,是幼年、青壮年或是老年,是男性或者女性,都应当享有平等的绿色空间使用权利、绿色空间资源支配权利和绿色空间规划权利。

然而,资本的增值目的将贫困群体和弱势群体的绿色空间权利排除,漠视了弱势群体公平地参与绿色空间重构的权利,弱势群体因此失去了家园的归属感,制约了他们参与公共事业的积极性,从而引发了很多社会矛盾。因此,在城市边缘区绿色空间重组过程中,一切绿色空间涉及的社会主体的权利和义务都应得到公平正义的对待。另外,可持续发展战略强调了绿色空间权利和义务在代际间的公平分配原则,如此才能保障人类的长远发展。代与代之间本着理解和尊重的态度,平等地分担绿色空间的社会责任,既要保证同代人的不

同绿色空间权利,又要保证不同代人的不同绿色空间权利,因此,绿色空间重组需要从一开始就统筹安排,达到权利、义务、分配规则、机遇等各方面的公平机制。

绿色空间权利和义务的公平分配并非简单地指绝对分配公平,而是有多项基本原则,第一是权利、机遇和规则的公平;第二是所有利益相关主体的有效参与;第三是关照人群差别需求而给予的多元差异的分配机制;第四是对弱势群体的补偿分配机制;第五是最大限度地追求整体社会福利(叶林,等,2018)。

三、绿色空间中日常生活的保留与发扬

资本增值为主导的空间生产使绿色空间中的日常生活出现异化现象,将真实的日常生活消解,符号化绿色空间所蕴含人文价值的真实性受到质疑,而真实的日常生活则失去了自我维持和更新能力。资本对真实日常生活的压制限制了个体精神和活动上的自由,所以在城市边缘区空间生产过程中,需要将真实的日常生活在绿色空间重组过程中释放,使绿色空间走向自觉的生活体验,达到人的生活本能与自然生态的融合统一。可以通过将真实日常生活中的事物进行艺术化和美学形态的提炼,并利用日常生活中的节日空间和节庆活动来克服资本的压抑,释放人真实和完整的感知与创造能力。

对日常生活中的事物进行艺术化和美学形态的转化,所关注的是日常生活中的愉快瞬间,是对日常生活美感的表达,使人们从真实的日常生活中获得快乐,而非从符号化的日常生活中寻找认可。绿色空间中的日常生活受季节气候的影响,是具有节奏感的,而不是僵化和重复的,蕴含着个体和群体的差异性和多元性,与自然生态融合的真实日常生活布满了人的创造性,是对人的尊重和礼赞。需要强调的是,在空间生产过程中,绿色空间中的日常生活的艺术化和美学形态转化并不是使空间回到乡村形态,组织空间生产的发生,而是将绿色空间改造成适合人的心理和精神需求的诗意化绿色空间,生产

出符合大众日常感知的生活化绿色空间,用热情的日常生活情景取代僵化的空间符号,使人通过绿色空间体验生活的艺术之美和节奏旋律。

　　日常生活中的节庆空间与五彩缤纷的节庆活动为绿色空间的艺术化和美学形态转化提供了大量的素材(见图3-12)。节庆是人们短暂忘记循环的庸常生活的瞬间,人们通过喜悦、激动的情绪氛围消解资本对日常生活的操控,在节庆中可以暂时消除人群的等级差异、打破贫富划分、忽略尊严与地位,缓解技术理性和现代科技对日常生活的控制,将日常生活的庸俗转变为高雅艺术。在绿色空间的改造过程中,如果将日常生活的节庆融入空间中,创造自由、平等、活泼的绿色空间生活图景,则可使人们在绿色空间营造的节庆场景中找到满足与欢乐,从而消除绿色空间中资本霸权对人自主意识的干涉。

图 3-12　贵阳市城市边缘苗族村落跳花坡节庆

小结:

　　本章主要论述了空间生产下城市边缘区绿色空间与资本的关系、城市边缘区绿色空间的资本化逻辑、资本主导的空间生产在城市边缘区绿色空间引发的危机以及危机的应对。

城市边缘区绿色空间与资本的关系体现在三个方面:资本通过空间生产推动城市边缘区绿色空间改造、城市边缘区绿色空间推动资本增值和资本与城市边缘区绿色空间的相悖。资本推动绿色空间的改造主要体现在资本提升了城市边缘区绿色空间的生产水平、资本推动了城市边缘区绿色空间走向全球化和资本促进了城市边缘区绿色空间的城市化,而绿色空间推动资本增值则是由于城市边缘区绿色空间是资本增值的工具并维护了资本的增值机制。资本与城市边缘区绿色空间还存在相悖的关系,包括资本与绿色空间人文价值的相悖、资本引起的城市边缘区绿色空间异化现象和资本造成城市边缘区绿色空间改造的过度化。

空间生产下城市边缘区绿色空间资本化特征的生成逻辑是由技术理性下城市边缘区绿色空间生存境遇、消费社会下城市边缘区绿色空间的呈现和全球化下城市边缘区空间生产的绿色空间模式共同构成的。

资本主导的空间生产在城市边缘区绿色空间中引发的危机包括绿色空间符号化危机和绿色空间功能错位危机。绿色空间符号化危机又包含绿色空间中日常生活的符号化和绿色空间中的消费符号化。绿色空间的功能错位危机包括三个方面:绿色空间的城乡关系错位、绿色空间的社会主体错位和绿色空间的供需关系错位。相应的危机应对则包含绿色空间功能价值与道义价值的统一融合、绿色空间使用权利和义务的公平分配以及绿色空间中日常生活的保留与发扬三个方面。

第四章

城市边缘区绿色空间的城乡关系特征

　　资本先进的生产力改变了空间生产方式,资本增值的热情导致城市边缘区绿色空间资本化,势必会引起绿色空间结构的转变,进而导致城乡关系恶化。资本主导的城市边缘区空间生产,也是城乡关系转变的过程,城市边缘区绿色空间与城乡关系有着明显的互动关系。

　　处于城乡过渡带上的城市边缘区绿色空间,其改造活动对城乡关系产生重大影响,同时,城乡关系的变化也会影响城市边缘区绿色空间改造模式,城市边缘区绿色空间与城乡关系的互动正是本章所讨论的内容。

　　国家政策、法律法规和地方政策是城乡关系演变的主要推动力量,政策和法规的推行直接塑造了城市边缘区绿色空间的城乡复合价值特征,从而推动绿色空间的改造过程。另外,城市边缘区绿色空间中蕴含的多元价值和多样生物群落诉求反过来渗透到政策、法规中,通过政策和法规对城市边缘区绿色空间人文精神和自然生态系统服务功能进行维护。

　　城市边缘区空间生存活动在改造绿色空间的同时,也带来了城乡关系在绿色空间中的异化现象。城市边缘区绿色空间中原有的城乡社会关系网络被打碎重塑,而新生成的城乡社会关系网络则存在诸多问题。由于乡村人文和乡村主体在绿色空间过程中的弱势话语权,绿色空间改造过程中呈现明显的城市中心性和中心化特征,乡村主体参与城市边缘区绿色空间改造活动的权利被消解。

随着乡村主体参与权利的消解,乡村原有的自组织管理模式逐渐被粉碎,城市边缘多元社会主体对绿色空间的差异化诉求被遮蔽,这不得不让人重新审视城市边缘区绿色空间与城乡关系的互动模式。难道城市边缘区绿色空间中所呈现的城乡关系只能是对立的吗?

若城乡对立关系长久下去会带来诸多危机,城市边缘区绿色空间城乡对立关系潜在的危机需要通过实现城乡平等的绿色空间权利来消除绿色空间中的城市霸权,这里的绿色空间权利是指通过规划合理正义的城市边缘区绿色空间结构、建立公正的绿色空间使用与分配机制,使城市和乡村中的每个个体都有使用绿色空间、参与绿色空间改造的权利。

城市边缘区绿色空间的对立状态还会加剧城乡差距,导致地区发展不平衡,对这种对立状态的克服不仅需要争取实现平等的城乡绿色空间权利,同时还要强调城市边缘区复合价值下的绿色空间差异正义,将个体日常生活作为绿色空间改造过程中的重要考虑内容。

对城市边缘区绿色空间中城乡关系的讨论是受空间生产理论的引导,是实现城市边缘区绿色空间改造活动正确价值引导的基础。只有兼顾城乡、尊重个体、公平正义的城市边缘区绿色空间改造活动,才能最大限度地释放城市边缘区绿色空间的全面价值。

第一节 空间生产下城市边缘区绿色空间与城乡的关系

空间是城乡关系的载体和基础,城乡政策是绿色空间生产和再生产的主导力量,资本增值主导的城市边缘区绿色空间改造日益影响城乡关系。首先,城乡政策推动城市边缘区绿色空间改造;其次,城市边缘区绿色空间塑造着城乡关系。

一、政策推动城市边缘区绿色空间改造

空间生产下城市边缘区绿色空间改造的背后是政策的推动,绿色空间本来是中性的和客观独立的,但是在政策的推动下,城市边缘区绿色空间具有战略意义。城市边缘区绿色空间的改造不仅是在经济领域的人类实践活动,同时也是城乡关系的表达,不仅是资本增值的工具,同时也为城乡发展所服务。

(一)国家政策和法律法规引导城市边缘区绿色空间改造

1. 国家政策塑造了城市边缘区绿色空间复合价值特征

自党的十一届三中全会提出建设生态文明以来,生态文明建设在我国进入了可持续发展阶段,并成为我国重要的战略思想,引导国家的方针政策。生态文明建设强调通过生态环境保护,遏制生态环境破坏,减轻自然灾害的危害;促进自然资源的合理、科学利用,实现自然生态系统良性循环;维护国家生态环境安全,确保国民经济和社会的可持续发展,并要求对生态文明建设与政治、经济、社会、文化进行全过程全方位的融合。

在生态文明建设国家战略的引导下,城乡绿色空间与城乡社会经济发展产生了紧密联系,并生成了一系列与城乡绿色空间相关的城乡建设实践活动。

近30年来,以城市为主体且与绿色空间密切联系的城市建设实践活动包含园林城市、环保模范城市、宜居城市、低碳城市、森林城市、生态市、海绵城市、生态文明示范城市等城市建设理念(见图4-1),提出部门主要是国家住建部和生态环境部门,这些理念对城市绿色空间建设均起着至关重要的引导作用。

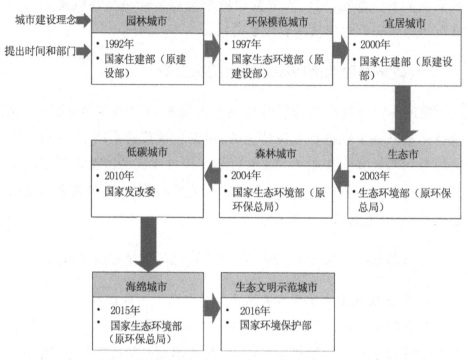

图 4-1 与绿色空间密切联系的城市建设实践活动

　　30 年间,城市绿色空间的价值由园林城市和环保模范城市理念中单一的景观价值和消解污染物价值转变成了更加复合的价值,这种价值的转变在宜居城市、低碳城市中体现了绿色空间在生活品质提升和生活方式引导方面的价值,而森林城市和海绵城市的建设理念则强调了绿色空间的生态服务价值,在生态市和生态文明示范城市的建设理念中,绿色空间的复合价值被全方位地发掘,与政治、经济、社会、文化全面接轨(见表 4-1、图 4-2)。

　　城市对绿色空间复合价值的发掘,直接决定了城市边缘区绿色空间改造的价值导向,使城市边缘区绿色空间呈现出复合特征。空间生产下的城市边缘区绿色空间改造需要在国家方针政策引导下进行,而国家方针政策也带动了空间生产现象在城市边缘区绿色空间中的发生。

表 4-1 生态县、生态市、生态省建设指标

项目	序号	名称	单位	指标	说明
经济发展	1	农民年人均纯收入	元/人		约束性指标
		经济发达地区			
		县级市（区）		≥8000	
		县		≥6000	
		经济欠发达地区			
		县级市（区）		≥6000	
		县		≥4500	
	2	单位 GDP 能耗	吨标煤/万元	≤0.9	约束性指标
	3	单位工业增加值新鲜水耗	m³/万元	≤20	约束性指标
		农业灌溉水有效利用系数		≥0.55	
	4	主要农产品中有机、绿色及无公害产品种植面积的比重	%	≥60	参考性指标
生态环境保护	5	森林覆盖率	%		约束性指标
		山区		≥75	
		丘陵区		≥45	
		平原地区		≥18	
		高寒区或草原区林草覆盖率		≥90	

续表

项目	序号	名称	单位	指标	说明
生态环境保护	6	受保护地区占国土面积比例	%		约束性指标
		山区及丘陵区	%	≥20	
		平原地区		≥15	
	7	空气环境质量		达到功能区标准	约束性指标
	8	水环境质量	—	达到功能区标准，且省控以上断面过境河流水质不降低	约束性指标
		近岸海域水环境质量	—		
	9	噪声环境质量	—	达到功能区标准	约束性指标
	10	主要污染物排放强度	kg/万元（GDP）	<3.5	约束性指标
		化学需氧量（COD）		<4.5	
		二氧化硫（SO_2）		且不超过国家总量控制指标	
	11	城镇污水集中处理率	%	≥80	约束性指标
		工业用水重复率		≥80	
	12	城镇生活垃圾无害化处理率	%	≥90	约束性指标
		工业固体废物处置利用率		≥90 且无危险废物排放	

续表

项目	序号	名称	单位	指标	说明
生态环境保护	13	城镇人均公共绿地面积	m²	≥12	约束性指标
	14	农村生活用能中清洁能源所占比例	%	≥50	参考性指标
	15	秸秆综合利用率	%	≥95	参考性指标
	16	规模化畜禽养殖场粪便综合利用率	%	≥95	约束性指标
	17	化肥施用强度（折纯）	kg/hm²	<250	参考性指标
	18	集中式饮用水源水质达标率	%	100	约束性指标
		村镇饮用水卫生合格率			
	19	农村卫生厕所普及率	%	≥95	参考性指标
	20	环境保护投资占GDP的比重	%	≥3.5	约束性指标
社会进步	21	人口自然增长率	‰	符合国家或当地政策	约束性指标
	22	公众对环境的满意率	%	>95	参考性指标

资料来源：《生态县、生态市、生态省建设指标（修订稿）》。

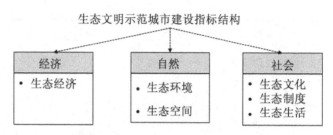

图 4-2　国家生态文明示范城市建设指标结构

2. 国家法律法规维护了城市边缘区绿色空间功能

当前我国已初步形成了完善的生态环境保护法律体系,为城乡绿色空间的保护与发展设立了底线,保障了以绿色空间为载体的城乡生态系统服务功能。与城乡绿色空间密切相关的法律和法规包含《中华人民共和国环境保护法》《中华人民共和国环境影响评价法》《中华人民共和国森林法》《中华人民共和国草原法》《中华人民共和国湿地保护法》等。此外,由自然资源部发布的《生态保护红线管理办法》是各省、市、县划定生态保护范围的依据,在生态保护红线范围内限制了人类实践活动的强度。逐步完善的法律法规体系保障了城市边缘区绿色空间基础生态服务功能。

(二)地方政策和制度主导城市边缘区绿色空间改造

地方政策和制度对城市边缘区空间生产下的绿色空间改造行为影响最为直接。以贵阳市为例,贵阳市城市边缘区空间生产活动与贵州省一系列有关绿色空间的地方政策和制度密切相关。

梳理近 10 年贵州省与绿色空间相关的地方政策(见表 4-2),与绿色空间密切相关的贵州省政策可以分为四个方向:发展山地旅游业、发展山地特色农业、发展森林康养和发展林下经济,在这四个方向下的绿色空间改造活动能得到政府在土地使用权和经营权、土地使用税、土地审批程序、农村土地流转程序等多个方面的政策支持。地方政府的政策直接主导资本在城市边缘区绿色空间中的空间生产活动,山地旅游开发、康养型房地产开发、基于现代农业和林下采摘的农事体验基地开发成为贵阳市城市边缘区空间生产的主要类型，绿色空间的改造活动也基于这几种空间生产活动而展开。

表 4-2　贵州省与绿色空间相关的地方政策

类型	名称	年份	与绿色空间相关内容
发展山地旅游业	《省政府关于深化改革开放加快旅游业转型发展的若干意见》	2014	为旅游配套的公益性基础设施建设按划拨方式供地。利用林地、水面、湿地、山头兴办的旅游项目，可以通过承包、租赁等形式取得使用权或经营权 对经营采摘、观光农业的单位和个人，其直接用于采摘、观光的种植、养殖、饲养的土地，免征城镇土地使用税
	《省政府关于推进旅游业供给侧结构性改革的实施意见》	2016	将重点旅游项目建设用地计划纳入全省年度用地计划中统筹安排
发展山地特色农业	《省政府关于加快推进山地生态畜牧业发展的意见》	2014	把畜禽养殖、定点屠宰场所用地纳入土地利用总体规划。畜牧生态循环和休闲观光型牧场，其永久性设施用地应依法办理农转用和土地征收审批手续。实行用水、用电等费率优惠
	《省委、省政府关于加快推进现代山地特色高效农业发展的意见》	2015	对于从事农产品加工、流通和休闲观光农业等需要改变土地用途的，根据项目建设实际情况优先安排用地指标

类型	名称	年份	与绿色空间相关内容
发展山地特色农业	《关于加快山地农业现代化推进农业高质量发展的实施意见》	2021	做大做强特色优势种植业。聚焦优势产业、优势单品、优势区域,因地制宜发展县域主导产业,提高规模化水平和产业集中度,加强特色农产品优势区建设。建设一批相对集中连片的特色产业基地,打造一批在全国具有影响力的优势产业集群 大力发展生态畜牧渔业。在保护生猪产能的基础上,大力发展牛羊产业,优化发展家禽产业,加快构建现代养殖体系,提升规模化、标准化水平 健全农村土地经营权流转服务体系,加快宅基地和集体建设用地使用权确权登记颁证,推进农村宅基地制度改革试点
发展森林康养	《关于大力推进森林康养产业发展实施意见》	2020	以森林生态环境为基础,以促进大众健康为目的,利用森林生态资源、景观资源、食药资源、文化资源并与医学、养生学有机融合,开展保健养生、康复疗养、健康养老的服务活动 突出地域文化和地方特色,因地制宜打造特色森林运动康养、中医药康养、森林文化康养、森林医疗康复等示范点,开发文化型、运动型、休闲娱乐型、康复型等各种森林康养产品,以示范带动全市森林康养产业又好又快地发展

续表

类型	名称	年份	与绿色空间相关内容
发展森林康养	《关于大力推进森林康养产业发展实施意见》	2020	充分发挥森林的生态、保健等多重功能,融合生态、休闲、养生、保健、运动、教育等产业,深入挖掘森林文化、养生文化、民俗文化、科普文化、体育文化等,因地制宜提供康养服务,建设康养服务设施,开发森林康养产品,拓展森林康养的研究和体验,推动林业产业转型创新发展
发展林下经济	《中共贵州省委贵州省人民政府关于加快推进林下经济高质量发展的意见》	2021	立足资源禀赋,着力构建林下经济特色产业体系,包括:大力发展林下种植业、适度发展林下养殖业、适度发展林下养殖业、有序发展森林生态旅游康养业、促进林下经济全产业链融合发展

资料来源:作者根据贵州省人民政府官网政策文件梳理（https://www.guizhou.gov.cn/）。

　　另外,贵州省在国家自然资源部发布的《生态保护红线管理办法》引领下,制定了《贵州省生态保护红线管理暂行办法》(2016 年),并于 2018 年发布了贵州省生态保护范围(见图 4-3)。贵州省生态保护红线将生态保护红线功能划分为四大类:禁止开发区类生态保护红线、五千亩以上耕地大坝永久基本农田类生态保护红线、重要生态公益林类生态保护红线和石漠化敏感区类生态保护红线。依据生态系统脆弱性、敏感性和服务功能的重要程度,贵州省生态保护红线设置了两级管控模式,在一级管控区实行最严格的管控措施,禁止一切形式的开发建设活动;在二级管控区除有损主导生态功能的开发建设活动外,允许适度的生态旅游、基础设施建设等活动。在贵州省生态保护红线划定下,贵阳市生态保护红线包括风景名胜区、地质公园、森林公园、国家重要湿地、国家湿地公园、千人以上集中式饮用水源保护区、五千亩以上耕地大坝永久基本农田、重要生态公益林、石漠化敏感区 9 种类型,面积为 2506.39km²,占贵阳市国土面积的 31.20%。

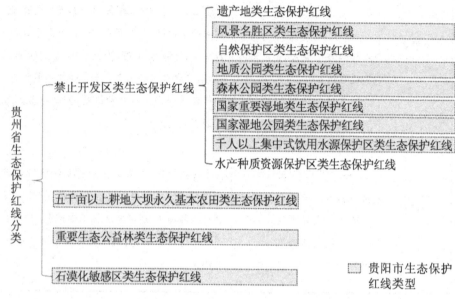

图 4-3 贵州省生态保护红线分类及贵阳市生态保护红线类型

贵阳市城市边缘区绿色空间大多不在生态保护红线的范围内,同时处于城市建设用地管控范围外,多方位的政策支持和较为宽松的空间管控制度,吸引了资本在城市边缘区的注入,促进了城市边缘区空间生产活动的发生,大量的以地方政策为主导的绿色空间改造行为在城市周边开展起来。值得注意的是,贵州省地方政策是基于地方地域特征和自然资源禀赋制定的,对绿色空间资源的利用与改造也是主张以生态保护和尊重地方现实为前提。地方政策直接主导城市边缘区空间生产活动的类型,以及空间生产下绿色空间利用与改造的方式。

二、城市边缘区绿色空间具有城乡关系内涵

绿色空间并非纯粹的自然或者半自然景观的展示,其中还蕴含着社会关系和社会意义,绿色空间作为社会空间也是城乡关系的展

现空间,城市边缘区空间生产活动也呈现着城乡关系的内涵。

(一)城乡关系在城市边缘区绿色空间中的异质性

在资本主导的城市边缘区空间生产中,绿色空间成了生产和消费的对象,被改造后的绿色空间具有异质性的空间特征,而空间中呈现的城乡关系内涵也呈现出相同的异质性特征。

资本主导的城市边缘区空间生产使原本以绿色空间为载体的人与人之间、人与绿色空间之间的关系发生了变化。资本为达到最大限度的增值,用其认为有用的方式来制造绿色空间的等级体系,原本的居民被异地安置,原本的社会关系与社会结构被剔出,通过市场化运作将来访绿色空间的市民划分为不同的消费等级,市民与绿色空间的互动方式也由原本与日常生产生活紧密相关的互动方式转变为作为旁观者观赏或者体验绿色空间的方式,这是城乡关系在城市边缘区绿色空间的异质性体现。

(二)城乡关系在城市边缘区绿色空间中的破碎化

城市边缘区绿色空间是乡村的主要生产和生活场所,但由于资本主导的空间生产在城市边缘区呈现破碎化的空间分布特征,原本的乡村绿色生产空间和生活空间被迫分割,变得破碎。原本与绿色空间紧密联系的乡村社会关系和社会空间被资本主导的空间生产活动打破分离,乡村完整的社会关系网络被迫断裂,乡村的社会空间因此变得破碎。资本主导的空间生产带来的新的社会等级模式在城市边缘区绿色空间植入,侵占了原有的乡村社会空间,抑制了乡村社会关系网络的维持与发展。因此,城市边缘区绿色空间承载着城市与乡村两种具有明显差异的社会关系模式,并在资本主导的空间生产作用下,呈现出分散化、破碎化布局。原本极具乡村自组织特征的乡村社会关系网络的续存与发展也因此受到威胁。

第二节　城市边缘区绿色空间城乡关系的悖论

资本主导下的城市边缘区空间生产促进了绿色空间中城乡关系的演变,绿色空间的利用和改造方式潜藏着转变城乡关系的力量。以满足城市居民需求为主导的城市边缘区空间生产活动,导致乡村丧失了其主体性和创造性,引发了很多悖论。

一、城市在城市边缘区绿色空间中的强势地位

城市边缘区的空间生产是城镇化进程的具体呈现,而空间生产所造成的空间变迁使城市边缘区乡村世界面临巨大的挑战。空间生产助推下的城市扩张迅速吞并城市边缘区乡村,甚至导致城市边缘区乡村的终结(田毅鹏,韩丹,2011),而极具乡村特色的绿色空间也不复存在。城市边缘区乡村的终结远不是简单的空间形态变化,而是空间中承载的社会关系和社会意义的消解,是一个复杂的社会变迁过程,空间的变迁实则是利益的重组,充满了城乡社会矛盾和冲突,这在绿色空间中有直接的呈现。

(一)城市在城市边缘区绿色空间中的掠夺性

城市边缘区空间生产是城镇化历史进程中城乡关系变化的推手,其主导的城乡关系变化可分为三种模式:城市瓦解乡村模式、城市馈补乡村模式、乡村转变城市模式(曹钢,2010)。前两种空间生产下城乡关系变化的模式均体现了城市在城市边缘区空间生产中的掠夺地位,城市的掠夺性在空间生产下的绿色空间改造中也有明显的体现。资本主导的城市边缘区空间生产将绿色空间作为资本增值的工具,对原本承载于绿色空间中的真实日常生活和生产模式进行掠夺并实现符号化表达。

　　空间生产下城市在城市边缘区绿色空间中的掠夺性还体现在对乡村景观的掠夺上。这里的乡村景观分为乡村自然景观和乡村人文景观，乡村自然景观是乡村特有的地形地貌和乡土动植物共同组成的自然景观的总和，不包含乡村内的人工建筑和生产农田，是乡村自然属性和生态型自然格局的呈现；而乡村人文景观则是乡村因人类发展需求所改造的综合景观形式，是半自然或人工景观，如乡村建筑、山地梯田、民俗节庆、地域文化等都是乡村人文景观的重要要素（张羽清，周武忠，2019）。在城市边缘区的空间生产中，城市采用利于自身发展的模式在城市边缘区乡村改造自然，修建宽阔马路和高层住宅，以及修建符合城市审美的宽阔草坪、整齐树阵、艳丽花海等绿色空间景观，以提高人们的生活质量。这种看似社会进步的空间生产方式使乡村呈现整齐划一建设模式，传统的乡村景观被城市景观所掠夺，转变成单一化的、平庸乏味的空间，传统乡村特色绿色空间景观在城市的掠夺下逐渐消失。

（二）城市在城市边缘区绿色空间改造中的中心性与中心化

　　城市的中心性是指中心地为其以外地区服务的相对重要性，是衡量城市中心地位的指标，城市空间的中心性是城乡社会形成和发展的必要条件（周一星，等，2001）。城市为城市以外地区的居民提供商品和服务，这对城市与城市以外的地区进行了等级划分。而在资本主导的空间生产下，城市边缘区绿色空间按照城市的需求被改造，在改造过程中所运用的生产技术、生产工具等是由城市为城市边缘区提供，这是城市在绿色空间改造中中心性的体现。在城市边缘区的空间生产中，城市的中心性向中心化演变，这是指在城市边缘区空间的逐步同质化，城市周边的多元和差异化空间被空间生产活动肆意切割，转变为破碎化的、统一僵化的城市景观，是城市景观通过空间生产逐渐统领城市边缘区景观的过程（孙全胜，2015）。而城市边缘区绿色空间在城市中心性和城市中心化的作用下,也呈现同质性高和破碎化的特征。

二、城市边缘区绿地空间中的城乡对立性

在资本主导的空间生产下的城市边缘区绿色空间改造过程中,城乡的对立性逐渐凸显,这不仅体现在城市边缘区绿色空间的城乡差距上,还体现在城市边缘区绿色空间改造所导致的地区发展不平衡上。

(一)城市边缘区绿色空间的城乡差距

城市在城市边缘区的空间生产中具有经济层面和政治层面的优势,在城市中心性和中心化的作用下,乡村的政治经济发展受到阻碍,乡村异于城市的日常生活方式、生产方式和权利运作形式受到忽视。在空间生产活动作用下的绿色空间也表达着城乡的对立关系,空间生产下的城市边缘区绿色空间一边是异域风情、精致奇幻的城市景观,一边是衰败、贫困的乡村。失去绿色生产、生活空间的村民同时失去了再次进入该绿色空间的能力。资本主导的空间生产对城市空间的偏向使城乡绿色空间的差别加剧,这种绿色空间的城乡对立维护了资本增值诉求,而城市边缘区弱势市民群体和乡村村民的利益则被遮蔽,改造后的绿色空间不同程度地限制或者排斥了弱势市民群体和乡村村民。

城乡的对立直接导致了城乡绿色空间资源的流动受阻,也导致了城乡绿色空间资源分配的不正义,尤其压制了乡村村民和城市边缘弱势市民获得绿色空间资源的能力,使得城乡之间的绿色空间在景观特征、分配方式、社会价值、经济价值和生态价值等方面都呈现出巨大差异。

(二)城市边缘区绿色空间改造所导致的地区发展不平衡

资本主导的空间生产对城市边缘区绿色空间进行的改造导致城乡人口的流动和人口空间分布的矛盾。城市边缘区乡村的部分居民在资本主导的空间生产作用下失去自己的农地,失去生产资料的农民不得不奔赴城市寻求就业机会,从而加剧了城市周边人口向城市聚集,导致人口在城乡空间分布上严重不均。为了获得发展,城市边缘区人口向城市涌入,使城市面临巨大的人口压力和住房危机,反观城市边缘区的乡村,则是大量空置房屋、农业萧条的景象(见图 4-4、图 4-5)。资本主导的空间生产掠夺城市边缘区绿色空间的同时,也导致了城市边缘区人才和劳动力的流失,人力和技术的双重缺位严重抑制了城市边缘区生产力水平的发展,限制了城乡区域的协调发展,城乡的对立性因此加剧。

图 4-4　贵阳市城市边缘区麦坪村新建房屋空置现象

图 4-5　贵阳市城市边缘区麦坪村老旧房屋空置现象

第三节　城市边缘区绿色空间城乡
关系悖论的克服

　　空间生产理论为城市边缘区绿色空间研究提供了新的空间维度,它将绿色空间与城乡之间的资本、城乡关系和日常生活联系起来,开启了对城市边缘区绿色空间改造的批判。空间生产下城市边缘区绿色空间改造极具时代特征,既是先进生产力在绿色空间的扩张,也是消费社会在绿色空间中的集中展现,是资本增值逻辑在绿色空间中的运作。空间生产使城市边缘区绿色空间走向异化和碎片化,也使城乡绿色空间资源、人口和技术走向流动。研究空间生产下城市边缘区绿色空间改造的政治化悖论及其克服,不论是对推动城乡协调发展、增强城乡绿色空间发展意识,还是对深入认知城市边缘区空间生产的本质、促进新型城镇化建设都有重大意义。

一、实现城乡绿色空间的权利

(一)城乡拥有的绿色空间权利

城市边缘区绿色空间承载着当地日常生活的空间价值,在空间生产推动的绿色空间改造过程中,城乡应当拥有争取绿色空间的权利,包括绿色空间结构革新的权利和制造差异化绿色空间的权利等。这里的权利就是城市居民和城市边缘区乡村的居民有权利拒绝以资本增值为目的的绿色空间改造实践。城市边缘区空间生产以最大化的资本增值为目标,需要在哪里开展空间改造实践,哪里的居民就要迁出,争夺绿色空间的权利则是公民有权拒绝对绿色空间的改造,也有权反对绿色空间改造的异化和同质化,拒绝绿色空间改造的僵化模式。

另外,在新型城镇化的推动和惠及下,大量资源和信息聚集在城市,潜移默化地影响了居民的思想观念,人们有权利拒绝技术理性对绿色空间改造的同时,也有权利拒绝重复庸常的单调日常生活。争取绿色空间的权利是反抗符号化的景观控制,是对灵动生活和人与社会、人与自然和谐相处的模式探寻。

(二)绿色空间中城乡权利的分布

空间生产下的城市边缘区绿色空间改造是城市技术理性在绿色空间的扩张,是由资本增值所操控,民众被动参与和接受的模式,技术理性带来的社会异化、景观异化和消费异化等问题渗透到日常生活的每一个角落。城市通过技术理性和一系列空间异化现象在绿色空间的运行,过多地掠夺了城市边缘区乡村在绿色空间中的权利,将城市边缘区绿色空间转变成另一种城市中心的理想绿色空间形态,而不是承载城乡多元文化和丰富边缘效应的城郊乡村。

空间生产对城市边缘区绿色空间的改造并非对城乡社会关系结

构的变革,而是极具潜力在协调城乡关系方面发挥调节作用。城市边缘区空间生产对绿色空间的改造可以洞察城市与乡村、城镇化与绿色空间的互动关系,对论证城乡在绿色空间中的权利分布极具意义。

二、强调差异正义的城市边缘区绿色空间改造

资本增值为导向的空间生产在城市中心性和中心化的影响下,通过消费异化的方式,制造了城乡绿色空间的社会等级,这违背了城乡和谐统一的新型城镇化初衷,加剧了城乡对立性。空间生产对绿色空间的改造既存在空间分配的不正义,又存在分配方式的不透明,最终导致被改造的绿色空间远离了真实的日常生活需求,取而代之的是供人消费的虚假幻象,绿色空间通过符号化塑造成为等级、身份和地位的象征。绿色空间改造实践的不正义体现在绿色空间所有权和使用权的不正义,以及绿色空间改造实践活动中公众不能自主地展示自己的观点和与他人交流等方面,这种对改造行为的被迫顺从使公民丧失了自由选择影响绿色空间改造的权利,从而在不知不觉中接受了资本增值模式在绿色空间中的运行。在资本增值的运行模式之下,绿色空间的改造实践没有正义与自由,而是服从和被迫接受。资本主导的城市边缘区空间生产使决策系统过多地集中于城市,导致城市与城市边缘区乡村的差异越来越大,使绿色空间中充满了冲突和矛盾。

(一)"差异正义"的空间生产价值向度

城市空间正义是对城市空间生产实践活动的伦理性的关注。所谓的空间正义,是指城市空间生产过程的公平公正,强调在空间生产实践中,城乡之间不同的主体都能自由、平等地享受城乡空间的权利,是一种城市主体可以不受支配地参与空间消费和空间生产的理想状态(王志刚,2012)。我国作为社会主义国家,坚持空间正义、消

除城乡空间矛盾、实现共同富裕是社会主义制度所追求的目标;另外,将人们对生活的关注从外在的物化空间中解脱出来,转而投入对自身全面发展的追求中,是社会主义制度的理想追求。资本增值主导的空间生产对城市边缘区绿色空间改造的同质化逻辑与城乡不同主体的差异性之间产生了矛盾,而我国的社会主义制度决定了城乡空间生产应当将"差异正义"作为核心价值诉求。因此,城市边缘区绿色空间改造既需要承认不同主体的差异性,又需要承认不同绿色空间特征的差异性,以谋求多元社会主体下的多样化绿色空间共识。

详细来说,差异性是指事物之间存在差别,是事物的非同一性,差异性是社会活力的重要来源。列斐伏尔的空间生产理论认为,资本主导的空间生产的特征首先是同质性,是以金钱作为单一标准对空间进行改造;其次是破碎性,空间被划分成可以交易买卖的"小块",对"小块"赋予单一的功能,使空间具有中心(财富、权力、信息等的中心)与边缘的关系;最后是等级性,空间根据中心(财富、权力、信息等中心)和边缘的关系被赋予了不同的价值和等级地位(高鉴国,2007)。资本对绿色空间的改造同样遵循同质化的逻辑,对资本增值的追逐掩盖了绿色空间中蕴含的民族、身份、群体的差异性。在我国城市边缘区的空间生产实践中,绿色空间同样面临着严峻的同质化问题,例如,贵阳市城市边缘区云漫湖度假村、小河湾美丽乡村景区、中铁我山康养房地产项目等(见图 4-6～图 4-8),通过消费主义式的空间改造模式,消解了日常生活的真实性和多样性,地方风俗和传统文化等被资本的增值逻辑所侵占,均被转变为同质化空间,呈现千篇一律的绿色空间样态。"差异正义"是社会主义下的空间生产价值取向,差异性和多样性被认为是城市社会动力的来源,同时也是城市的天性表达(魏强,2019)。"差异正义"是通过价值导向和规划管控,最大限度地尊重群体的差异性日常生活特征,以及不同群体对绿色空间的差异化诉求,在这种导向下构建的绿色空间应当是充满差异又能和谐共处的多元空间。

图 4-6　贵阳市城市边缘区云漫湖度假村

图 4-7　贵阳市城市边缘区小河湾美丽乡村景区

空间生产下的城市边缘区绿色空间改造蕴含着不同主体之间的

图 4-8　贵阳市城市边缘区中铁我山康养房地产项目

绿色空间资源竞争过程,包含了资本的力量、政府的干预以及民众的影响(袁超,2014)。绿色空间改造过程中的正义问题在于资本操纵了空间生产,中心—边缘的等级模式排斥了地方弱势群体的利益,对普通居民的日常生活空间进行挤压甚至掠夺,造成了城市边缘区贫困问题和社会边缘化问题。能否通过调整甚至重构城市边缘区空间生产的模式,在城市边缘区绿色空间改造过程中打破绿色空间分异和社会隔离的格局,对城乡协调发展具有深远意义。

城市边缘区社会群体生产出来的绿色空间,推动着城市边缘区弱势群体的社会交往活动,承载着城市边缘区社会群体的情感纽带,对城市边缘区社会关系网络有重要的空间支撑作用,使城市边缘区弱势群体能够抗争资本强大的同质化逻辑。城市边缘区的空间生产是在既定的空间中进行改造,其中必然存在新生成的绿色空间与周边既定绿色空间的相互渗透和冲突,这是异常复杂的社会变化过程。在空间生产作用下的绿色空间是一个多元差异的复合空间,但关键是,作为空间实践的参与者或者被动接受者,城市边缘区弱势群体能否将新生成的绿色空间作为融入城市的跳板,或者能够在城市边缘区创造出一种新的绿色空间改造模式,形成使差异性共存的绿色空间,这是需要进一步探索的问题。

(二)寻求城市边缘的地方自治

资本主导下城市边缘区空间生产的同质性逻辑会受到多元社会群体的差异性日常生活的抵抗。社会主体所追求的"差异正义"的理想,需要打破资本增值的僵化逻辑,通过多元社会群体(尤其是弱势群体)的参与和地方自治来实现。在城市边缘区的绿色空间改造实践活动中,由于权力过于集中在城市而引发各种矛盾,寻求绿色空间的地方自治不仅要拒斥资本对多样化日常生活的干涉,而且要反对同质化对公民差异性生活的控制。向地方下放部分绿色空间改造的权力,可以在一定程度上保障城市边缘区乡村对地方绿色空间改造的参与权,但不能改变资本增值逻辑在绿色空间运行的僵化模式,而城镇化推动的城市边缘区空间生产并非城市的同化、同构过程,而是中心—边缘城市空间等级下社会矛盾的集中体现。资本增值主导下的城市边缘区绿色空间改造打破了原本多样、宁静的乡村田园生活,压制了城市边缘区的个性与差异。因此,需要将城市边缘区绿色空间的改造指向社会需求,限制资本增值,并制定体现"差异正义"的科学的空间规划,以寻求城市边缘区地方在绿色空间改造中的自治。

三、尊重个体的城市边缘区绿色空间改造

列斐伏尔的空间生产理论是将马克思主义"全面自由人"的概念拓展为"总体的人"的概念,并以实现"总体的人"作为克服空间生产中绿色空间政治异化现象的工具。同时不同社会群体(尤其是弱势群体)在绿色空间改造实践中的公众参与,也是破除城市边缘区绿色空间政治异化的重要工具。

（一）促进城市边缘区"总体的人"的实现

列斐伏尔的"总体的人"既是生命的主体，也是生命的客体，是生命主客体的统一与结合，同时也是行为的主体与客体的结合。"总体的人"的实现是建立在克服政治异化的基础上，是城乡发展的理想状态（陈红，张福红，2014；唐鸿，2011）。

"总体的人"的实现是指人的全面发展，这需要现实实践的支撑，而并非仅靠个人的美好主观愿望，也就是说，需要在人的思想观念与现实实践统一的前提下才能实现人的全面发展，也就是"总体的人"的实现（孙平，2016）。从本质上来看，"总体的人"的实现至少包含三方面内容：

首先，人有自觉、自由的创造性活动。这是人类区别于动物的本质，是人类的特性，其性质和内容是指人在生活和生产实践活动中创造性能力的充分表达，是人作为主体发挥作用的体现。

其次，人与社会、人与自然的和谐关系的实现。人的本质是人的一切社会关系的总和，这是不同社会群体的本质。人的社会性使"总体的人"呈现在社会关系中则表现为"总体的社会"，这是由于人作为社会中的特殊个体，蕴含着社会群体的共有特性，即使个体脱离于社会也无法摆脱其社会群体的特征。因此，"总体的人"是社会的人，是具有社会性的，生活在特定社会关系中的人。人只有基于与社会、自然发生的现实关系才能生存和发展，才能完成自我全面发展。人在与他人相处的过程中，关系越和谐，越能获得人的完整性体验，实现"总体的人"，而在人与自然的相处关系中，人一方面依赖自然，另一方面又在改造自然，自然成为人自身存在的确证，人的持续发展需要建立在人与自然的和谐关系上。因此，只有人与社会、人与自然和谐相处、融合统一，人才能获得最全面的选择和最丰富的关系，成为"总体的人"。

最后，人个性的自由发展是实现"总体的人"的关键。人的本质是具有特性的个体,是区别于他人的有个性特征的人,个人性格、能力、心理、诉求、人格、审美、情感等的身心特性发展,是人个性自由发展的重要呈现,这也是社会进步的体现。

空间生产下城市边缘区绿色空间的改造实践,在资本增值的僵化模式下呈现同质化的特征,城市边缘区社会群体(尤其是弱势群体)对绿色空间的自主性和创造性活动被掩盖,致使城市边缘区社会群体的主体作用被消解。资本的增值逻辑通过空间生产下的城市边缘区绿色空间改造实践,将人群进行社会等级划分,由此产生了社会关系的异化现象和自然景观和功能的异化现象,让人与社会、人与自然的关系变得紧张。资本主导的城市边缘区空间生产的同质化现象还限制了人的个性发展,在资本构建的消费景观幻境中,人失去的自主意识,沦为被消费操控的经济单位,丧失了人个性自由发展的能力。所以,城市边缘区绿色空间改造实践活动需要将"总体的人"的实现作为重要向度,并通过科学的空间规划和管控为人的全面发展提供支撑。

(二)绿色空间改造实践的公众参与

从多元的社会群体的特性出发,城市边缘区绿色空间改造实践对公众参与提出了诉求。不同的社会主体对绿色空间的创造性和需求不同,城市边缘区绿色空间改造实践的权利过多地集中于城市主体,使其他主体的绿色空间权利被消解,因此,需要外在的规划管控机制来调节(孙施文,殷悦,2004)。此时,空间规划的目标则是尽可能地扩展不同主体的选择机会,并融合不同社会主体的诉求,提出倡导性规划,响应城乡社会主体差异化需求,并构建平等交流和协商的平台,供不同社会群体的价值判断和愿望交流,以对绿色空间改造实践进行预先协调。最后,通过法律和规章制度形成规范,达成绿色空间改造实践的"契约",使空间规划成为城市边缘区绿色空间改造实践过程中各个社会主体表达集体意志的平台和规章。

然而,在绿色空间改造实践中公众参与存在一系列问题:

首先,公众参与更注重个人参与而忽视了社会团体的参与,在参与途径上通过民意调查、规划讲解等方式进行,由于个人的认知和生活经验有限,提出的意见较为片面,很难被相关权利主体重视和采纳(罗小龙,张京祥,2001)。西方规划实践的经验证明,富有成效的公众参与往往是社会团体,如社区、企业、非营利机构等(陈志诚,曹荣林,朱兴平,2003)。在城市边缘区绿色空间改造实践中,乡村作为核心主体,也是社会团体,乡村集体的公众参与是城市边缘区空间改造中的欠缺之处。

其次,城市边缘区绿色改造实践中公众参与组织机制的缺位。在方案设计阶段很少收集公众或者社会团体对空间规划设计的意见,使得规划方案有较强的主观色彩。在规划实施阶段的公众参与也只是停留在公众被动接受、被动参与的层面,例如,在绿色空间改造实践活动带来的污染、交通、噪声、降低收入等问题侵害了公众利益的情况下,公众被迫提出异议。总体来说,在绿色空间改造实践过程中迫切需要公众参与的机制建设。

最后,绿色空间改造实践中的公众参与缺乏法律或者制度上的支持和保障。在我国,公众参与相关的立法还比较薄弱,城市主体强势主导实施,公众被动配合的模式较为固定,这容易造成公众、企业或者其他社会团体合法权益受到侵害。因此,公众参与的方式和权利需要在法律和制度上得到保障。

小结:

本章通过论述空间生产下城市边缘区绿色空间中蕴含的城乡关系,呈现城市边缘区绿色空间城乡关系的悖论,并提出克服城市边缘区绿色空间城乡关系悖论的途径。

城市边缘区绿色空间的改造是国家政策和法律法规对城市边缘区绿色空间引导的结果,也是地方政策和制度对城市边缘区绿色空间主导的结果。国家政策通过塑造城市边缘区绿色空间复合价值特征引导改造实践活动,同时国家法律法规也维护了城市边缘区绿色空间的功能完整性。地方政策和制度对城市边缘区绿色空间的改造实践最为直接,以贵州省为例,近 10 年,与城市边缘区绿色空间相关的政策分为四个方向:发展山地旅游业、发展山地特色农业、发展森林康养和发展林下经济,这四个方向直接主导了城市边缘区的空间生产类型。在空间层面,贵州省《生态保护红线管理办法》和《贵州省生态保护红线管理暂行办法》直接限定了绿色空间的开发强度和保护范围。城市边缘区绿色空间又渗透着城乡关系内涵,主要通过城乡关系在城市边缘区绿色空间中的异质性来呈现,而城乡关系在城市边缘区绿色空间的分布呈现破碎化特征。

城市边缘区空间生产下绿色空间的城乡关系悖论主要体现在城市边缘区绿色空间改造过程中的强势地位和城乡的对立关系两个方面。在城市边缘区的空间生产中,城市对城市边缘区绿色空间有掠夺性,在绿色空间的改造实践过程中,城市还具有中心性和中心化特征,这使城乡在城市边缘绿色空间中呈现对立状态。城市边缘区绿色空间中城乡的对立状态主要体现在城乡差距和绿色空间改造所引发的地区发展不平衡。

对城市边缘区绿色空间城乡关系悖论的克服有三个途径:一是实现城乡绿色空间的权利;二是强调差异正义的城市边缘区绿色空间改造;三是尊重个体的城市边缘区绿色空间改造。

第五章
城市边缘区绿色空间的生态特征

城市边缘区绿色空间作为自然的一个部分,具有不可替代的生态系统服务功能,作为城乡生态网络中的关键环节极具生态意义。然而,城市边缘区的空间生产活动导致绿色空间面临诸多生态环境危机,我们把这种空间生产方式背离生态价值的现象称为空间生产的非生态化现象。只有基于对城市边缘区绿色空间生态意义的认识,才能较为全面地梳理出城市边缘区绿色空间中的非生态化现象,并提出对非生态现象的反思和应对思路。

城市边缘区绿色空间在城乡的综合作用下呈现出高景观异质性高、生物多样性丰富、边缘效应突出等特征,是生态系统和生态功能多样又密集的区域,对城乡来说都是巨大的生态财富。另外,城市边缘区绿色空间作为城市与自然腹地联系的必经通道,为城市输送着自然生态系统服务功能,改善城市人居环境的同时缓解城市生态环境问题。城市边缘区绿色空间是构建城乡生态网络的关键一环,为多样生物提供着生态踏脚石功能和迁徙廊道功能。可见,城市边缘区绿色空间生态内涵丰富,极具生态意义。

然而,城市边缘区剧烈的空间生产活动因为缺少生态理性思考和生态价值判断而导致出现一系列非生态化现象,这包括对自然空间的肢解、自然生态系统服务功能的消解、生态环境恶化等。绿色空间的非生态化现象使人不得不反思人与自然的关系和空间生产的方式,并思考应对策略。

将生态理性融入空间生产过程对城市边缘区绿色空间非生态化现象的应对来说是至关重要的,这需要人们尊重和敬畏绿色空间中的多样生态系统和多样生物的生存权利,并将可持续发展理念融入城市边缘区绿色空间改造实践中持续推行。

值得注意的是,空间生产活动并非与自然生态系统维护是永远对立的关系,随着科学技术的发展和生产技术的进步,生态化的空间生产开始进入人类的视野。空间生产生态化可以通过诸如生态建筑、生态住区等的技术创新来降低空间生产的生态影响,同时运用先进生态科技消解空间生产所造成的污染,为实现城市边缘区的空间生产活动与自然和谐共处展现出巨大的潜力。

第一节 城市边缘区绿色空间的
生态意义与非生态化现象

列斐伏尔认为,以资本增值为目的的城市边缘区空间生产,强化了资本在绿色空间改造中的统领作用,对生态环境造成破坏,甚至以牺牲生态环境为代价谋取资本增值,这造成了城市边缘区绿色空间改造的非生态化现象,也引起了人们对非生态化现象的反思,并对应对方式进行探索。

一、城市边缘区绿色空间的生态功能与意义

城市边缘区绿色空间承载着重要的生态功能,极具生态意义。其不仅承载着丰富的生活多样性和景观多样性,还是城乡生境网络系统中的重要环节,作为传输通道向城市输送着生态系统服务功能,并具有典型的边缘效应。

(一)城市边缘区承载着丰富的生物多样性和景观多样性

在城镇化过程中,城乡生物多样性的分布格局受土地利用变化

的推动明显,城镇化的强度直接影响了生物多样性格局,城镇化过程既是土地利用类型转变的过程,也是生物多样性格局转变的过程。在城乡梯度下,城市中心到城市边缘区,土地利用类型和强度都存在巨大差异,生物多样性同样呈现出显著差别(毛齐正,等,2013)。以美国亚利桑那州城镇化下的植物多样性分布格局为例,城市远郊沙漠地带的植物多样性较城市中心区和城市边缘区更高,而城市边缘区的植物多样性又较城市中心区更高(J. S. Walker,2009)。大量研究证明,城乡生物多样性从城市中心区向城市边缘区,再到城市远郊呈显著增强的趋势,这是土地利用类型转变直接或间接改变城乡生物多样性和生态过程的结果(McKinney,2006)。一般来说,乡土植物和动物主要分布在城乡自然度较高的绿色空间,而外来物种则分布在人类活动频繁的区域,在土地利用类型复杂的城市边缘区,绿色空间保存着较城市区域更为完整的乡土植物群落,承载着乡土动物的生境,则可能有高于城区和远郊区的生物多样性赋存。

此外,城市边缘区还有丰富的景观多样性。一般认为,景观多样性越高,景观内部的生态系统复杂性就越高,生态系统的稳定性则越高,生物多样性也越高。城市边缘区作为城镇化过程中近自然程度较高的区域,有较高的乡土动植物赋存,同时接纳着大量城镇化带来的外来动植物物种,这使得城市边缘区具有较城市区域和远郊区域更高的景观多样性。由于其特殊的区位条件和复杂的土地利用类型,造就了城市边缘区多样化的景观空间,为生物多样性承载和生态过程的稳定性打下了良好的景观基础。城市边缘区多样的景观生态空间层次丰富,自然生态系统具有较强的抗干扰能力和恢复能力(孟婕,2015)。在城市边缘区绿色空间的改造实践中,将生物多样性保护和景观多样性续存作为核心价值向度,对维护城市边缘区自然生态过程稳定性、保障城乡生态安全至关重要。

(二)城市边缘区绿色空间是城乡生境网络构建的关键环节

一个功能完善、体系健康、结构合理的城乡绿色生境网络是维护良好城乡生物多样性格局的重要保障。城乡绿色生境网络是以景观尺度上种群的动态变化为依据,能够为保障不同种群生境之间的能量交换和物种交流提供支撑的绿色空间体系(张庆费,2018)。完整的城乡绿色生境网络对支撑多样物种的长期存活和降低生境破碎化有重要意义,而城市边缘区绿色空间是城乡生境网络构建的关键环节(张东旭,等,2018)。

在景观生态学中,斑块、廊道、基质被认为是景观的基本构成单元,城市边缘区绿色空间同样可以用景观的基本构成单元来定义,可以依据绿色空间的景观尺度差异将其分为城市边缘区的生态斑块、生态廊道和生态基质(见表5-1)。城市边缘区绿色空间景观基本单元通过不同的组合方式,构建出城市边缘区的绿色生境网络。

表 5-1　城市边缘区景观基本构成单元

景观基本构成单元分类	绿色空间类型
生态斑块	如小片农地、林地、街头绿地、住区绿地,产业区绿地等
生态廊道	如防护林带、道路、河流等
大尺度的生态基质	连续的自然资源,如自然保护区、湿地、山林等

资料来源:作者整理。

城市边缘区作为城乡交错区域,绿色空间具有有别于城市的乡村特征,近自然的绿色空间景观特征,以及大量小规模农地、林地从自然腹地中延伸出来,使其拥有大量质量较好的绿色生境资源,为城乡生境网络构建打下了基础。城市边缘区绿色空间中的各类景观构成单元,如山体、森林、河流、草地、农林、郊野公园等纵横交错形成"斑块—廊道—基质"交织的自然—近自然—人工复合生境网络体系。在自然区位的生态背景下,城市边缘区特有的小规模农林用地作为生态基底,补充和完善了城市区域所紧缺的生境斑块,构筑起城乡生态"踏脚石"系统,再结合自然山水生态廊道和道路防护绿带、文化景观廊道等绿色廊道,可建立起较为完善的城乡绿色生境网络骨架,对城乡绿色生态资源流动、改善城乡生态环境、实现城乡之间孤立斑块之间的物质与能量流动具有重要意义。

澳大利亚墨尔本市在 2002 年制定了《墨尔本 2030》长期战略规划,其中的"绿色边界(Green wedge)"方案重新规划了城市边缘区尚未开发的土地,一方面尽力防止城市建设持续占据城市边缘的农村用地,以保持城乡宜居性;另一方面为城市提供充足的发展用地。方案选中城市边缘区大块绿地进行保留和开发,包括海岸线、河谷、山脉、水源地等自然区域,将城市边缘区的农林用地作为联系自然区域与城市的绿色通道,构建城乡绿色空间网络,形成城市的一道绿色屏障,维护城乡生态过程。

(三)城市边缘区绿色空间将自然引入城市

景观生态学认为,斑块边缘形状对斑块之间的相互交流作用有重要影响,斑块边缘形状越复杂、曲度越高、边界越凌乱,则斑块与外界发生能量和物质交换的作用越强(余新晓,等,2008)。城市作为人造地表,好像一块人造补丁镶嵌在自然本底中,现代城市作为工业化的产物,空间形态极具技术理性,空间边缘更倾向于平直,限制了城市以及城市中的绿色斑块与城市外围自然生态本底之间的物流、能流、物种流等生态流的流动(王思元,李慧,2015)。城市边缘区具有城市与乡村双重空间形态,乡村自由、零散的空间布局形式极大地曲化了城市边界,城市边缘区与自然区域的凹凸交错越多,城市与自然的交互越频繁,城市边缘区绿色空间则能充分发挥将自然生态系统中的生态流引入城市的功能。

城市边缘区绿色空间是由不同景观基本构成单元镶嵌而成的复合生态系统,是人工—半自然—自然环境相互交融的景观多样化区域。城市边缘区绿色空间一方面是城市的绿色屏障,对调节城市气候、消解城市污染、改善城市生态环境有重要作用;另一方面还为城市居民提供了亲近自然的游憩绿地体系,丰富了城市的绿色空间景观。可见,城市边缘区绿色空间不仅为城市输送着自然生态系统服务功能,也为城市提供了自然生态的空间体验场所和人文体验场所,用不同的方式将自然引入城市。

(四)城市边缘区绿色空间的边缘效应

城市边缘区处于城市与自然生态区域的过渡地带,在景观生态空间上有典型的边缘特征,并表现出过渡性特点,因此,城市边缘区绿色空间明显呈现生态学中的边缘效应。

边缘效应是指"斑块的边缘部分由于受两侧生态系统的共同影响和交互作用表现出与斑块内部不同的生态学特征和功能的现象"(龙燕,2014)。城市边缘区的一侧是城市斑块,一侧是自然生态斑块,还有一侧是乡村斑块,城市斑块内部的人群结构、环境条件和经济结合与乡村斑块有明显不同,与自然生态斑块更是有根本差异,这样异质的景观斑块之间存在客观的边缘,因此存在边缘效应。城市边缘区的边缘效应是城乡生态系统的活力来源,有利于城乡生态系统的积极开放,也有利于城市综合生态效益的实现。

首先,城市边缘区的边缘效应能够促进城乡复合生态系统各个子系统之间的交流和开放。城市边缘区是城乡社会、经济与自然子系统的载体,城乡斑块边缘之间的相互作用体现在各子系统上则是各子系统之间的多样性联系和相互作用。城乡与自然斑块功能之间的相互穿插和叠加,产生的大量生态流(物质流、能量流和信息流)作用于城市边缘区,促进了城市边缘区生态系统的功能整合,也促进了各子系统的开放和稳定共生(邢忠,2001)。其次,城市边缘区的边缘效应是通过各类斑块边缘的相互作用而实现的,城市边缘区绿色空间边缘与城乡边缘的相互叠加,拓展了城市生态系统的综合效益。

城市旅游业、商业、服务业等与乡村农业、畜牧业、林业、食品加工业等功能在城市边缘区绿色空间中高度交融,它们利益互补、集约并存,开辟了更多相互兼容的异质边缘,从而带动了城市经济发展,提升了城市边缘区绿色空间的综合生态效益。城市边缘区边缘效应对城市综合生态效益的提升作用还体现在社会效益方面。在空间生产的推动下,城市边缘区的社会群体组成呈现多样化特征,边缘效应则表现为社会群体之间的交流场所和交流活动的多样化,配合恰当的空间设计和社会活动策划,则有利于城乡社会的交流融合,实现城市边缘区社会效益。

二、空间生产下城市边缘区绿色空间的非生态化现象

资本主导的城市边缘区空间生产,布满了资本的增值逻辑,对经济利益最大化的追求,使绿色空间出现非生态化现象。空间生产的过程本身就是非生态的过程,自然生态空间在空间生产的作用下被转化为社会空间,自然绿色空间被改造成为半自然或者人工绿色空间,空间生产下的绿色空间已经布满了社会关系,哪怕是保留了原本自然景观形态的绿色空间,也不再是纯粹的自然生态空间,而是人类社会空间的附庸,是社会关系在自然空间中的渗透。自然空间在空间生产的作用下被不断蚕食,先进的生产力成为空间生产的有力工具,严重地破坏了自然生态系统。空间生产下城市边缘区绿色空间的非生态化现象可以总结为四个方面:一是空间生产对城市边缘区绿色空间的大肆掠夺;二是空间生产破坏了城市边缘区的自然生态系统;三是空间生产加剧了城市边缘区绿色空间的生态环境危机;四是空间生产社会关系在城市边缘区绿色空间中渗透。

(一)空间生产对城市边缘区绿色空间的大肆掠夺

在空间生产的资本增值逻辑下,城市边缘区绿色空间成了资本增值的牺牲品,机械化的空间生产方式下,人们盲目地开发自然空

间,地面的植被、土地、地下资源,甚至地上的空气都是资本实现最大化增值的燃料,而自然本身的生态价值却被忽略。资本增值导向的空间生产,以人类的生产力进步和社会进步为包装,持续侵占自然和其他生物的利益,使人类的发展与自然生态系统的正常运行不能和谐共处。在空间生产下,自然生态系统与人类已经不再是平等地位的主体,自然生态成了人类生产和消费的对象,人类通过侵害其他生物种群的利益来满足自身种族发展的利益。然而,就本质而言,人类社会空间实则是自然生态空间的组成部分,社会和人一样,是属于广义的自然界的一个部分,人类的生存与发展是取自于自然,但又常怀有改造自然的"远大志向",为了获得利益,不惜打破自然原本的生态平衡。资本主导的城市边缘区空间生产在资本增值逻辑的熏染下,常常失去对自然的敬畏之心,用征服和利用的态度企图操纵自然,甚至任意地肢解自然,使城乡与自然的和谐相处陷入困境。

以贵阳市为例,通过 Globeland 30 平台提供的基于遥感影像分析得出的土地覆被数据,可以观测到城市土地覆被的面积变化(见表 5-2)。在 2000—2020 年,城镇化运动最为剧烈的 20 年间,绿色空间的面积大幅减少,前 10 年减少了 15492.9 hm^2,后 10 年又持续减少了 32778.6 hm^2,总共减少了 48271.5 hm^2。可见,在这 20 年间,贵阳城市边缘区空间生产活动频繁。根据 Globeland 30 对土地覆被数据的分类,绿色空间被分为农地、林地、灌木地、草地四种类型,以前 10 年来看,农地面积减少得最多(1048.77 hm^2),随后是灌木地(937.62 hm^2)和林地(509.76 hm^2),而从后 10 年来看,农地面积依旧是减少得最多的绿色空间类型(19816.92 hm^2),随后是草地(5679.63 hm^2)和林地(5337.18 hm^2)。不难看出,绿色空间面积锐减的情形下,农地是城市边缘区空间生产所侵占的主要绿色空间类型,换句话说,农地作为乡村的主要生产、生活空间,其面积的锐减也代表着乡村生产、生活空间的消逝。

表 5-2　2000—2020 年贵阳市绿色空间面积演变

年份	绿色空间面积（hm²）	分类绿色空间面积（hm²）	分类绿色空间面积变化值（hm²）	人造地表 LSI（景观形状指数）
2000 年	794556	农地:358772.13	—	26.7342
		林地:277469.82	—	
		灌木地:19511.73	—	
		草地:122253.3	—	
2010 年	779063.1	农地:359820.9	−1048.77	26.5631
		林地:276960.06	−509.76	
		灌木地:20449.35	−937.62	
		草地:121832.82	−420.48	
2020 年	746 284.5	农地:340003.98	−19816.92	44.6694
		林地:271622.88	−5337.18	
		灌木地:18504.45	−1944.9	
		草地:116153.19	−5679.63	

资料来源:作者根据 Globeland 30 土地覆被数据统计计算。

与城市边缘区绿色空间面积锐减相对应的是城市边缘区空间形态的猛烈变化。景观格局指数中的景观形状指数(LSI)是指景观斑块形状与相同面积的圆或正方形之间的偏离程度,是用来衡量形状复杂程度的指数,在 2000—2020 年,贵阳城市人造地表的景观形状指数呈现先减少后增加的情形,为城市边缘区边缘效应的发生创造了条件。

(二)空间生产破坏了城市边缘区的自然生态系统服务功能

对人类社会而言,绿色空间发挥着复杂的生态系统服务功能,一方面体现在绿色空间本省所具有的生态系统功能上,另一方面体现在人类与绿色空间的密切互动关系上。21 世纪初,由 100 多个国家1500 多名科学家组成的团队,通过为期 4 年的"新千年生态系统评估"(简称 MA),将自然生态系统服务功能分为 4 个大的类型:供给功能、调节功能、文化功能和支持功能，并涵盖了 26 个小类(见表 5-3)。这种生态系统服务功能分类方式被广泛运用在生态系统服务功能评价方面和生态系统变化对人类安全与健康的影像评价方面。

表 5-3 "新千年生态系统评估"自然生态系统服务功能分类

功能分类	指标类型
供给功能	食物
	淡水(洁净水)
	燃料
	纤维
	生物化学品
	遗传(基因)资源
调节功能	调节大气质量
	调节气候
	调节自然灾害
	减轻侵蚀
	净化水源
	控制疾病
	控制病虫害
文化功能	精神和宗教
	知识和教育系统
	激励功能(灵感)
	审美价值(美学)
	社会联系
	故土情
	休闲娱乐和生态旅游

续表

功能分类	指标类型
支持功能	土壤形成
	养分循环
	授粉
	生物多样性
	生物栖息地
	初级生产

资料来源：作者参考文献整理（赵士洞，2001）。

　　城市边缘区绿色空间是为城市传送自然生态系统服务功能的必需通道，城市边缘区不恰当的空间生产活动则会造成对传输通道的损坏。城市边缘区绿色空间不同的植被类型所提供的生态系统服务功能存在差异，以 Globeland 30 土地覆被数据的分类方式为依据，贵阳市域绿色空间的主要类型是农地、林地、灌木地和草地四个类型，每种绿色空间类型为城市提供的生态系统服务功能不同。林地生态系统由于其丰富的生境空间层次，具有丰富的生物多样性，并且具有良好的蓄水能力，还是良好的能源库和有机碳库，是自然体系种人类和生物生存和发展的重要基础；此外，由于林地复杂的空间结构，其生态过程比较稳定，能持续、强力地发挥生态功能的供给、支撑、调节等服务（田志会，2019）。灌木生态系统同样承载着较丰富的生物多样性，拥有较强的蓄水功能，同时也是良好的绿色景观要素。草地生态系统特殊的生态过程、环境条件和构成要素，使其草丛、草地、动物、地境和人类的经营管理之间形成了相互依存、相互影响又错综复杂的关系，以此生成不同的生态系统服务功能（尹剑慧，卢欣石，2007）。农地是人类为了满足自身生存需求，不断干预自然而形成的复合生态系统，主要是为人类提供蔬果食物和其他农副产品，农地的自我调节能力小，营养结构简单，生物多样性较低，需要人工的持续干预和维护（尹飞等，2006）。而城市作为特殊的复合生态系统，是自然生态系统与社会生态系统、经济生态系统的叠加，缺乏自我维持功能,需要完全依赖于外部的物质资源和能量资源。

城市边缘区绿色空间各类生态系统的组成与结构的差异,形成了各系统自我调节能力以及物质、能量流动的差异,从而导致各类生态系统服务功能和能力的差别。从服务功能来说,林地生态系统更多地提供了林产品、林副产品、生物多样性、水源涵养等功能,灌木生态系统更多地提供了生物多样性、水源涵养等功能,草地生态系统则提供了草本植物资源以及畜牧业产品等,农地生态系统则主要为城乡提供农产品。从服务能力来说,林地、灌木、草地的生态系统服务多是在自身的发展演替过程中呈现出来,自我维持系统稳定,使它们具备了较强的供给、调节、支持服务能力;农地生态系统是人工干预程度高的人工生态系统,为人类高效地提供新鲜蔬果,具有极强的供给服务能力。而城乡之间的空间生产活动对绿色空间的改造则大大减弱了各类生态系统服务功能和能力。

(三)空间生产加剧了城市边缘区生态环境危机

城市边缘区是城乡之间土地利用变化十分活跃的区域,是城乡生态环境的脆弱地带和敏感地带,其生态环境呈现着过渡性、复杂性和易变性特征。城市边缘区作为城市和乡村的交错地带,是城市生态环境支持系统的重要组成部分,在保障可持续发展和维护城乡生态安全方面具有重要意义。而城市边缘区的空间生产活动加剧了城乡之间的生态环境危机,主要体现在:绿色空间侵占(尤其是农地侵占)、土壤质量下降、生存环境质量下降三个方面(张蓉珍,贺春艳,2007)。

首先,城市边缘区空间生产导致了大量绿色空间被侵占,其中属农地损失面积最多,并由此引发了一系列的生态环境危机。城市外围广阔的农地为城市持续提供了新鲜蔬果和农副产品,但在快速城镇化作用下,空间生产活动使城市居住用地、工业用地、交通用地等非农用地在城市边缘区持续扩张,导致大量农地被城镇化掠夺。以贵阳市为例(见表 5-2),在 2000—2020 年,城市边缘绿色空间被大量侵占,农地持续流失共计 18768.15 hm²,草地被侵占 6100.11 hm²,灌木地和草地各被侵占 1007.28 hm² 和 5846.94 hm²。农地约占空间生产对绿色空间侵占的 39%,是被掠夺最多的绿色空间类型。随之而来的是城市边缘区土地质量的持续下降问题,这是由于空间生产活动将城市边缘区地价抬高,农民受利益驱使,伺机等待出售土地,导致农地被粗放管理;或者农民更注重在第二、第三产业的投入,而降低了农民在农地持续投入方面的积极性,最后导致城市边缘区农地效益的衰减或农地荒废,无力抵抗诸如旱、涝等的自然灾害。此外,城市边缘区作为城乡共同的边缘带,在城乡发展的双重空间生产作用下,沦为城市和乡村污染物汇集区域(赵亚敏,2013)。例如从城市中心区迁入的城市边缘区的工业使城市边缘区遭受污染;生活垃圾污染、农业污染和交通影响将大量重金属带入城市边缘区的土壤中,对水土、土壤都造成了污染等(田帅,等,2013)。

三、空间生产下城市边缘区绿色空间非生态化的生成逻辑

城市边缘区绿色空间的非生态化现象受人类的技术理性所支配,同时也是资本增值逻辑作用于绿色空间的结果。

(一)城市边缘区绿色空间非生态化来自技术理性

技术是人类适应自然、改造自然,甚至试图控制自然的工具和手段,而理性则是人类理解、思考和决策过程中体现的能力与智慧,技术理性是人类技术与理性的整合形式,贯穿于人类的生产实践活动过程中,所体现的是对有效性和规范性的追求,是在承认人类对自然界永恒的依赖的基础上,扎根于满足人类物质需求所形成的技术精神和实践理性(曹克,2007)。工业革命之后,技术理性成为人类发展的大趋势,在城乡空间改造实践中技术理性大行其道,充满情感和意志的传统的人治方法被否定,取而代之的是通过法律条款来管理城

市与社会的新方法。技术理性大大提升了人类的生活品质,为人类带来了前所未有的物质财富和精神财富,人类对技术的依赖越来越强,在城乡空间生产实践活动中技术理性同样起着决定作用,甚至侵蚀了人类的审美成为人类新的崇拜对象(方程,2007)。

技术理性作为空间生产的工具手段,在满足城乡居民物质与精神需求的同时,也引发了新的危机,尤其是对生态平衡的破坏和对自然资源的低效利用。城市边缘区是人与自然界互动关系的呈现,城市边缘区乡村的人文精神与空间生产的技术理性形成了分离与对立的格局,乡村田园间人与自然和谐共处的景象也被技术理性所干扰,恶化的生态环境与技术理性密切相关。技术理性催生的城市边缘区空间生产方式,以及技术理性下的物质资料、精神资料的生产方式都充满了非生态化现象。然而,人与自然和谐并进的可持续发展需要将技术理性与以自然为中心的生态伦理观相结合,将人与自然作为有机整体进行考虑,以自然生态系统的健康运行作为人类满足利益的前提实现对空间的改造实践。

(二)城市边缘区绿色空间非生态化与资本逻辑有关

自然生态与资本逻辑存在对立关系,资本增值逻辑在一定程度上与自然生态保护与建设相互排斥,生态似乎是资本实现增值的巨大屏障,而资本增值通常被看作是导致生态失衡的重要原因。在工业革命之后的旧全球化时期,大工业资本增值逻辑经历了沉痛的反生态阶段,资本对增值的狂热追求是生态环境破坏的主要原因(任平,2015)。资本以技术理性作为工具手段,通过空间生产在全球范围内实现扩张,也使生态环境问题布满全球城市,由于城市边缘区是空间生产的主要场所,非生态化现象十分凸显。

然而,在新全球化时代以工业文明为主导,资本逻辑开始寻找资本增值的生态化路径,在产业方面开始探索高科技、节约型、生态化的技术路径,在空间生产实践中也出现一系列以自然生态环境展示和体验为主导的土地开发利用模式,同时产生了大量以生态环境修复、生态污染治理为内容的产业类型。可见,自然生态并非阻碍资本增值的屏障,与资本逻辑也不是绝对的对立关系,只要绿色生态创新产业能使资本有利可图,资本也可以成为推动生态建设的强大力量。生态产业已经开始在全球实现,这说明绿色生态的资本创新逻辑必然可行。但是资本逻辑与生态发展的最终目的之间仍然存在诸多矛盾,这使我们不得不重新审视空间生产过程中的资本逻辑与绿色空间生态发展之间的辩证关系。

第二节　城市边缘区绿色空间
非生态现象的空间生产反思

城市边缘区的空间生产活动侵占了大量绿色空间,破坏了城乡生态系统服务功能,加剧了城市边缘区生态环境危机,这使人们不得不对空间生产进行反思。

一、对人与自然关系的反思

空间生产是以自然绿色空间作为空间基础,人类如何处理自己和自然的关系直接主导了空间生产对绿色空间的影响。近代科技的进步使人类被冠以"万物灵长"的地位,人类用支配自然的态度对自然生态空间进行掠夺和改造,空间生产伴随对自然生态系统的毁坏,自然生态空间受损的状况反过来制约着人类的可持续发展。在绿色空间的生态危机下,人们不得不重新审视自己和自然的关系。

(一)人类生存的局限性

由于生理结构的局限,人类无法适应空间环境的剧烈变化,这是人类生存的局限性,这从侧面反映出自然生态环境对人生存发展的制约。城市边缘区空间生存下的绿色空间改造实践,需要认清人类对环境的绝对依赖关系,转变狂妄肢解自然的空间生产方式。同时,在空间生存实践中,同样要将子孙后代的局限性考虑在内,尤其是在人类未能克服自身局限性的阶段。因此,空间生产不能无止境地扩张,城市的扩张需要在生态理性的基础上有节制地进行,城市边缘区绿色空间的改造也需要以尊重自然生态过程、保障生态安全为前提。

(二)人类依赖自然空间的多样性

人类的生存需要依赖完整的自然生态过程,也依赖生物的多样性和自然空间的多样性,城乡建设与发展需要重新审视人们与其他生物在自然生态系统中的关系。人类与其他生物共同生存于自然生态空间中,但人们的生存与发展却是以牺牲其他生物的利益为代价。完整的价值规则应当是将人类和其他生物进行同等考虑,人类以外的其他动物、植物、微生物、土地和生态系统都应当得到充分的尊重和重视,维护完整的自然生态系统利益就是实现人类与自然空间的和谐关系。

城市边缘区的空间生产不应只满足人类自身的利益,而应当将空间生产实践置于整体自然生态系统运行和人类可持续发展的大框架中去考虑,将人类的关怀扩展到自然、空间和其他生物身上,用尊重和敬畏之心去处理城市边缘区绿色空间的改造实践,用谨慎的态度去维护绿色空间中的生态过程和人类的可持续发展。

二、对空间生产方式的反思

技术理性下的城市边缘区空间生产通过侵占、侵扰或是破坏绿色空间的方式为人类获取利益,使纯粹的绿色空间在城市边缘区消失。这种粗放的空间生产方式使人们意识到被破坏的生态环境严重地影响了人们日常生活的质量,因此,人们开始探索生态化的空间生产方式。

空间生产的生态化是通过正视空间生产所引发的各种危机,使空间生产实现政治、经济、文化、生态的和谐运作,既要制约人肆意改造绿色空间的狂妄行为,又要消解空间异化实现自然绿色空间的可持续利用。空间生产的生态化还体现在权利和义务的对等上,建立城乡协作、共同治理的生态保护机制,解决城市边缘区的绿色空间生态问题。

第三节　城市边缘区绿色空间非生态现象的应对

城市边缘区绿色空间的非生态化是人与自然的矛盾的呈现,对非生态化现象的克服最终还是要归结到改变人的思想理念和行为上,使人用自然生态整体全面的思维去思考人与自然生态的关系。

一、人与自然的多元关系

(一)尊重自然的差异

资本主导的城市边缘区空间生产僵化模式只有通过"尊重自然的差异"的方式才能打破。这需要在空间生产过程中不仅关注城乡不同人群的利益,而且要关怀城市边缘区不同物种的利益;不仅要设计空间生产下绿色空间中的消费活动,还要设计绿色空间中物质、能量和信息的流动和转换。绿色空间中差异性的生态系统承载着多元的生态环境,需要对僵化的空间生产模式进行解构和创新,在对自然尊重和敬畏的基础上,构建新的绿色空间形态。利用不同人群对自然生态的理解,建构多元的绿色空间选择,在不损害他人利益的前提下,借助资本增值逻辑的力量,构建合理的空间秩序。

(二)倡导生态关系多元化

自然生态系统中蕴含着多元的力量,体现着自然界中各种生物之间的相互尊重和宽容。完整的生态系统包含生态关系的多元化,这需要在空间生产实践活动中抛弃等级秩序,尊重多元与差异,而非技术理性下的强势改造。城市边缘区的绿色空间涉及多方面的关系,蕴含着人与人的关系、人与自然的关系、城市与乡村的关系。而人与人的关系中蕴含着人与自然的关系,解决人与人的矛盾是解决人与自然的矛盾的前提。在空间生产下的绿色空间改造实践中,需要调整绿色空间中的社会关系,同时需要协调自然生态过程中的多元关系。此外,绿色空间中多元生态关系的维护需要法律和道德的调节,生态化的空间生产活动需要有法律规范来引导,空间生产的主体需要有道德伦理来制约,把生态化的空间生产理念融入政治决策中、社会关系中和日常生产生活中,使现实绿色空间的改造在生态化模式下进行,实现人的可持续发展,解决城市边缘区的生态危机。

二、空间生产生态化理念

(一)坚持生态理念

城市边缘区的空间生产需要坚持生态理念,将生态伦理观贯彻到空间生产的实践中,这是空间生产生态化理念的核心。空间生产生态化的目标是构建人与自然的和谐关系,人有别于其他动物,与生态环境的关系不是简单的被动顺从,而是为满足自身利益主动改变环境,绿色空间和自然资源对人都是必不可少的,人类的生存依赖于自然生态系统的平衡。空间生产生态化提倡人类在受益于自然资源和自然生态系统服务的同时,也要承担起维护自然生态系统的责任和义务,在空间生产实践活动中自觉维护好生态系统平衡,主动节制对绿色空间改造行为,把利用自然、控制自然的心态转变为调节自然、与自然和谐共处的心态,将空间生产活动对自然生态系统产生的压力降到最低。空间生产生态化还需要人类将空间生产置于整体的自然生态系统中去考虑,尊重并敬畏自然界中的其他生物和多元生态系统,实现人与自然的和谐发展。

(二)推行可持续发展战略

由资本主导的城市边缘区空间生产是以获取利润为目的,而不是为了生态系统的维护,经济发展水平似乎成了衡量社会进步和城镇化水平的标准,然而,具有高受益的空间生产活动并不能摆脱城乡生态困境,反而用经济的繁荣和城镇化的纷繁景观掩盖了自然生态被破坏的现实。人类的发展不能只立足于现实利益,更关键的是要放眼未来,人们需要从可持续发展的角度去反思空间生产实践活动,强化自然生态系统可持续发展的意识,推动空间生产模式从单纯追求经济利益转向可持续发展。这就要求空间生产的进行要充分考虑绿色空间中的自然生态规律,将空间生产活动作为协调人于自然关系可持续发展的工具,用于自然生态过程统筹的思维进行空间生产。

三、绿色空间正义的实现

(一)城乡社会群体的绿色空间正义

绿色空间的正义是对城乡不同社会群体以及自然生态系统中多样生物的利益的同时关注,实现绿色空间生态利益、社会利益的均衡。空间生产生态化是绿色空间的生态化,也是社会空间的生态化。城市边缘区的空间生产导致城乡不平衡的利益分布格局,城市在空间生产过程中具有中心性和中心化特征,这背后的推动力量是资本增值。空间生产造成的生态环境污染是由城市边缘区社会弱势群体和乡村居民在承受,空间生产改造的绿色空间环境优美,高额的房价或者门票却将乡村居民和弱势群体"拒之门外"。绿色空间正义则有利于消除城乡矛盾,使城乡居民团结起来协作解决生态问题成为可能。城市边缘区的空间生产,不能以牺牲城市边缘弱势群体和乡村居民的绿色空间利益为代价,而应当对乡村和弱者予以更多扶助与关怀,建立绿色空间公平正义的空间生产机制。空间生产下生态问题的背后是社会问题和经济问题,绿色空间正义的实现实则是社会正义和经济利益正义的实现。

(二)多样生物的绿色空间正义

绿色空间正义的实现还需要关注对其他生物的绿色空间权利,绿色空间中的其他生物和人类一样拥有同等的生活在自然空间中的权利,同时,自然生态系统也有不被干扰自主演变发展的权利。自然空间及其中生存的生物,经历自发演变所形成的当下的存在状态,这应当被人类尊重和保护,自然生态系统包容人类的存在,人类的活动也应当包容自然中的一切其他生物。

(三)将绿色空间权利作为人的基本权利

不管是生存在城市中心还是城市边缘的人,都应当拥有使用绿色空间的基本权利,绿色空间权利不应当因贫富、职业、年龄抑或是性别的差别而不对等。此外,生态正义还需要坚持代际正义,将后代人绿色空间的权利纳入公平分配的考虑范围,达成可持续的绿色空间改造模式。

小结:

本章详细阐述了城市边缘区绿色空间的生态意义与非生态化现象,并基于对城市边缘区绿色空间非生态现象的反思提出了相应的应对策略。

城市边缘区绿色空间承载着丰富的生物多样性和景观多样性,是城乡生境网络构建的关键环节,发挥着将自然生态系统服务引入城市的重要通道功能,同时极具边缘效应。然而在资本主导的空间生产下,城市边缘区出现大量的非生态化现象,空间生产对城市边缘区绿色空间进行了大肆掠夺,并且破坏了城市边缘区的自然生态系统服务功能,加剧了城市边缘区的生态环境危机。城市边缘区的非生态化现象来自城镇化下的技术理性膨胀,同时也是资本增值逻辑在城市边缘区扩张的结果。

　　对城市边缘区绿色空间非生态化现象的反思主要包括两个方面：一是对人与自然关系的反思，二是对空间生产方式的反思。对城市边缘区绿色空间非生态现象的应对则包括三个方面，首先，发掘人与自然的多元关系，这包含尊重自然的差异和倡导生态关系的多元化；其次，推行空间生产生态化理念，这包含坚持生态理念和坚持可持续发展战略；最后，实现绿色空间正义，这包含城乡社会群体的绿色空间正义实现、多样生物的绿色空间正义实现以及将绿色空间权利作为人的基本权利。

第六章

空间生产理论对城市边缘区绿色空间规划管控的影响和启示

空间生产理论对城市边缘区绿色空间规划方法研究产生了重大影响，并具有启迪作用，为城市边缘区绿色空间的研究带来了新的视野和方法工具，同时拓展了城市边缘区绿色空间的研究维度和深度。在空间生产理论的分析指引下，城市边缘区绿色空间中的消极后果呈现在人们眼前，使人们对城市边缘区绿色空间规划有了清晰的线索。

空间生产理论的三个批判主题（资本批判、政治批判、生态批判）带来了城市边缘区绿色空间的三重内涵：资本内涵、城乡关系内涵和生态内涵，而"空间三元论"和"概念三元组"模型为绿色空间分析引入了新的方法工具，空间生产理论所提出的日常生活视角可以创新性地解读出绿色空间改造活动与资本、城乡关系和生态的互动模式。

在空间生产理论的分析指引下，城市边缘区绿色空间的消极后果被分类呈现，资本增值逻辑在绿色空间留下的消极后果是一系列的异化现象（空间异化、社会异化、消费异化）；城乡关系恶化在绿色空间中的消极后果则体现为城乡绿色空间利益不均和城乡发展不平衡两个方面；空间生产非生态化现象则在城市边缘区绿色空间中留下了自然生态功能消解等消极后果。可见，空间生产理论对城市边缘区绿色空间研究展现出了巨大的影响力和潜力。

空间生产理论为城市边缘区绿色空间规划方法带来了新的启示,首先是规划方法和思路的启示,其次是对空间生产方式改良的启示,最后是对规划制度建设的启示。

空间生产理论对城市边缘区绿色空间研究的启示不仅体现在规划方法方面,还能够延展至城市边缘区产业布局、社会服务机制建设、生态科技研发等方面。城市边缘区绿色空间研究对空间生产理论的运用是基于现有研究的创新性探索,是完善现有城乡绿色空间规划机制的有益尝试。

第一节　空间生产理论开拓城市边缘区绿色空间研究新视野

当前对城市边缘区绿色空间的研究多是对绿色空间生态意义与功能的论证(邢忠,等,2014;汤西子,2021),以及从生态系统服务功能维护的角度提出城市边缘区绿色空间的规划保护办法(王思元,2012;王娜,等,2016;汤西子,邢忠,2020)。空间生产理论为城市边缘区绿色空间研究增加了资本逻辑和政治内涵的研究视野,并通过新的分析研究方法,揭示了城市边缘区绿色空间更丰富的内涵。

一、空间生产理论丰富了城市边缘区绿色空间的内涵

空间生产理论完善城市边缘区绿色空间的内涵,在生态内涵的基础上补充了资本逻辑的内涵和政治内涵。

(一)空间生产理论解读了城市边缘区绿色空间的资本内涵

空间生产理论将城市边缘区绿色空间改造实践置于城镇化背景下的资本增值逻辑中解读,揭示了城市边缘区绿色空间功能异化和景观异化背后的资本推动逻辑,并道明了资本增值主导的绿色空间改造的背后是消费主义的盛行以及人文精神和日常生活的没落。空

间生产理论还揭示了资本增值逻辑通过技术理性工具在城市边缘区绿色空间中扩张导致自然生态系统割裂的生态问题和社会空间异化、社会等级划分等社会问题。

空间生产理论还解读了城市边缘区全球化趋势的资本逻辑,资本将全球文化带到城市边缘区绿色空间,消解了城市边缘区绿色空间中所承载的风土人文和社会关系网络,导致绿色空间中蕴含的本土文化几乎丧失了自我更新能力,而资本逻辑下的绿色空间改造变成了简单的异域风情下的符号化景观,使置身其中的人们被消费活动所操控,逐渐失去自主创新意识。

(二)空间生产理论解读了城市边缘区绿色空间的城乡关系内涵

空间生产理论还从城乡关系内涵的视角解读了城市边缘区绿色空间改造活动。显然,国家政策、地方政策和法律法规是推动和限制城市边缘区绿色空间改造活动的主要力量,而资本主导的空间生产导致城市边缘区绿色空间的社会异质性,使城市边缘区弱势群体和乡村居民失去绿色空间改造中的参与权。城市边缘区分散分布的空间生产活动还导致原本完整的乡村社会关系网络变得破碎化,乡村自组织结构受损,消解了乡村主题在绿色空间改造活动中的主导权。

此外,空间生产理论揭示了城市边缘区绿色空间改造实践中城市的强势地位,城市的中心性和中心化特征主导了城市边缘区绿色空间的改造,限制了乡村政治经济的发展,也加大了城乡绿色空间权利的差距,城乡对立性因此加剧。

(三)空间生产理论解读了城市边缘区绿色空间的生态内涵

空间生产理论阐明了城市边缘区绿色空间不可替代的生态意义,并通过生态批判的方式解读了城市边缘区绿色空间的非生态化现象,从整体生态系统服务功能维护的角度阐明了资本主导下空间生产导致的自然生态系统服务功能断裂和生态环境危机等问题,并进一步论证了城市边缘区绿色空间非生态化现象的生成逻辑是技术理性的膨胀和资本增值逻辑在城市边缘的扩张。空间生产理论还提供了绿色空间非生态化的反思途径,首先从人与自然的关系反思,其次从空间生产的方式反思。

二、空间生产理论为城市边缘区绿色空间提供了新的分析方法

空间生产理论为城市边缘区绿色空间特征研究提供了新的方法体系,经典的"空间三元论""概念三元组"模型和日常生活的分析视角,大大地补充了绿色空间研究的方法体系。

(一)"空间三元论"是解构城市边缘区绿色空间类型的新方法

常见的城乡绿色空间研究方法是以景观生态学为基础,从空间形态、大小、结构和布局多个方面分析绿色空间的生态功能(邢忠,等,2014;金佳莉,等,2020),抑或是通过价值替换的方法计算绿色空间所发挥的经济价值(潘悦,等,2022;荆贝贝,杜安,2022),这些都是基于绿色空间的物质属性展开的研究。"空间三元论"将精神空间维度和社会空间维度在绿色空间研究中展开,极大地拓宽了绿色空间的研究范畴,弥补了绿色空间研究仅仅关注物质空间维度的单一研究方法。

城市边缘区绿色空间在城市边缘区乡村的重要生产、生活空间,具有重要的精神属性和社会属性,其中承载的城乡多元人文精神和多样社会活动应当被纳入其价值研究范畴,从而渗透进入相关政策和规划设计方法中,"空间三元论"为城市边缘区绿色空间完整的价值研究提供了新的方法。

(二)"概念三元组"模型是解读城市边缘区绿色空间属性的新工具

空间生产理论中的"概念三元组"模型——空间实践(spatial practices)、空间表征(representation of space)和表征空间

(representational space)对应着空间的三重属性,分别是自然性、社会性和历史性,为城市边缘区绿色空间的属性判断提供了新的方法和依据。其中,空间实践对应的自然属性,表征的是城市边缘区绿色空间对人们日常生产、生活所提供空间支撑和物质支撑功能;而空间表征对应的空间社会属性,是将城市边缘区绿色空间中与社会关系相关的符号知识、人文精神进行专门解析;表征空间对应的历史属性,是用空间实践发展的思维来识别城市边缘区绿色空间所蕴含的历史过程和历史形态。"概念三元组"模型作为新的研究工具,无疑加深了城市边缘区绿色空间的研究深度,延展了研究的广度。

(三)日常生活视角是解读城市边缘区绿色空间内涵的新途径

空间生产理论将日常生活作为一个全新的视角去审视空间的演变,日常生活视角同样为城市边缘区绿色空间的研究提供了新的途径。城市边缘区绿色空间的改造实践活动直接或者间接地改变着城市边缘弱势群体和乡村居民的日常生活,这种转变应当作为评价城市边缘区绿色空间的关键变量,用来诠释城市边缘区绿色空间的演变过程和演变结果。绿色空间演变对日常生活的影响不仅体现在生态系统服务和生态环境的破坏上,还体现在社会关系网络的破坏和经济利益的不平衡发展上,日常生活的转变则是这三个方面综合作用的结果。因此,对日常生活演变的分析过程中,既是对日常生活中生态系统服务和生态环境变化的分析过程,也是社会关系网络变化的分析过程,还是经济利益分布变化的分析过程。

第二节　认清空间生产的城市边缘区绿色空间消极后果

空间生产理论有助于我们更全面清晰地认清空间生产对城市边缘区绿色空间造成的消极后果。这包括资本增值逻辑下的绿色空间消极后果、城乡差距扩大下的绿色空间消极后果和非生态化现象下的绿色空间消极后果。

一、资本增值逻辑下的绿色空间消极后果

(一)绿色空间的异化现象

空间生产理论通过为绿色空间的资本逻辑批判,使我们认识到,资本的增值逻辑在城市边缘区扩张,造成了绿色空间的景观异化、功能异化和消费异化等消极现象。首先,资本增值逻辑通过全球化的方式,在全世界扩张,同时将全球文化带到了城市边缘区,使城市边缘区出现了大量异国风情的绿色空间景观,造成了绿色空间的景观异化现象,消解了地方人文精神;其次,城市边缘区绿色空间景观异化的背后是功能异化,为了营造异域风情,绿色空间原本的乡土群落被摒弃,乡土生物多样性被削减,自然生态系统服务功能被忽略,取而代之的是需要人工长期维系,且维系成本高的人工绿色空间景观;最后,绿色空间景观和功能的异化是为堆砌消费符号所服务,资本增值主导的城市边缘区空间生产,将绿色空间作为资本积累的工具,通过改造景观形态,将绿色空间作为少数人消费和体验的场所,而置身于改造后的绿色空间中,所消费的是绿色空间背后的地位和等级象征意义,并非绿色空间的生态服务功能和乡土绿色景观和人文,这便产生了消费异化现象。

(二)技术理性对绿色空间的肢解

资本的增值逻辑用狂妄的姿态,以技术理性作为工具方法,大肆对城市边缘区绿色空间掠夺。技术理性机械化的运作方法和工业化的审美偏好,与绿色空间多元自然生态系统和多样化的生物群落特征相背离,在技术理性的操作下,绿色空间中的景观和生物多样性毫无反抗之力,只能沦为绿色空间异化现象的牺牲品。另外,技术理性

还将城市边缘区绿色空间所承载的社会关系网络肢解,城市边缘区绿色空间是重要的乡村生产生活场所,内部布满了充满地方人文和自组织文化的社会关系网络,是城市边缘区弱势群体和乡村居民主体与自然和谐关系的呈现,而技术理性机械化的绿色空间改造模式摧毁了绿色空间中的社会关系网络,加剧了居住在城市边缘区弱势群体和乡村居民主体在城镇化过程中的边缘化现象。

二、城乡差距扩大下的绿色空间消极后果

(一)绿色空间利益分布不均

空间生产理论指出了空间生产活动与城乡差距拉大的关联,快速的城市边缘区空间生产引起了城乡绿色空间利益分布不均的现象。没有经历空间生产活动的城市边缘区绿色空间是开放的,充满了城乡绿色空间的公益价值,也是城乡主体和谐共处在绿色空间中的呈现。然而,绿色空间在空间生产活动的改造下,被不同的投资主体制定了出入门槛,损害了原本生活在城市边缘区弱势群体和乡村居民享受绿色空间生态系统服务的权利,绿色空间的公益价值似乎是为城市居民所服务,这为城乡社会等级分化和社会矛盾埋下了隐患。

(二)绿色空间中城市中心性和中心化的呈现

通过对空间生产理论的应用,可以洞察城市边缘区绿色空间中城市中心性和中心化现象的凸显。城市作为向城市边缘区空间生产输送生产力和生产工具的方式,主导了城市边缘区绿色空间的改造,绿色空间也以城市作为主要服务主体。城市主导的城市边缘区绿色空间改造因此呈现出和城市统一的景观形态,导致城市边缘区绿色空间与城市绿色空间的同质化现象,城市边缘多元的乡村绿色景观和差异化的绿色空间生产、生活活动随之被空间生活所掩盖。

三、非生态化现象下的绿色空间消极后果

(一)绿色空间生态功能消解

在资本增值逻辑的驱使下,城市边缘区空间生产的发生具有分散分布的特征,为了达成资本最大化积累的目标,占据城市边缘区优质的绿色空间资源,割裂了城市边缘区自然生态系统服务功能,导致绿色空间的破碎化现象。空间生产忽略了城市边缘区绿色空间作为城乡生态网络的重要部分的生态意义,资本增值的单一目标导向消解了绿色空间的生态功能,对城市边缘区自然生态安全和生态过程维护都造成了消极影响。空间生产下城市边缘区绿色空间的破碎化现象同样消解着自然生态系统服务功能,这种绿色空间的破碎化现象仅仅体现在绿色空间向人造地表的转变,还包括自然绿色空间向人工绿色景观的转变。

(二)非生态化空间生产方式在绿色空间中的盛行

空间生产理论指出,非生态化的空间生产方式是空间非生态化的主要原因。城市边缘区在非生态化的空间生产活动下,绿色空间面临着种种生态系统服务功能困境和生态环境危机,然而,非生态化的空间生产方式却持续在城市边缘区盛行,这是由于粗暴僵化的非生态化空间生产方式能够更迅速、更直接地产生资本增益。生态化的空间生产方式则需要充分尊重和敬畏自然绿色空间中的多元生态系统和多样物种,从城乡生态过程与生态安全的角度全面布局城市边缘区空间生产活动,生态理性地选择空间生产方式,以达到人与自然、空间生产与自然和谐共处的状态。

第三节 指引城市边缘区绿色空间规划的方向

空间生产理论为城市边缘区绿色空间研究提供了新视野,同时

为城市边缘区绿色空间规划指明了新方向。空间生产理论下绿色空间新的规划方向体现在规划方法和思路的转变、空间生产方式的转变和制度体系的完善。

一、转变绿色空间的规划方法与思路

(一)运用"空间三元论"和"概念三元组"模型的规划方法

空间生产理论中的"空间三元论"提出了从物质、精神、社会三个维度去解读空间的新方法,打破了绿色空间规划仅关注物质空间的单一局面,完善了绿色空间研究的方法体系。而"概念三元组"模型则为空间属性分析创造了可能,在物质空间属性的基础上加入了历史空间属性和社会空间属性,为绿色空间属性识别与空间属性结构分析和分布情况分析等提供了工具方法。

空间生产理论的"空间三元论"和"概念三元组"模型为绿色空间规划提供了新的方法体系,尤其适合在城市边缘区绿色空间规划中运用,原因是城市边缘区绿色空间不仅是自然生态空间,还布满了城乡社会关系网络,蕴含着城市边缘乡村的人文精神和历史内涵,传统的只关注绿色空间自然空间属性的规划方法,并不能全面展现城市边缘区绿色空间的价值和内涵,更达不到完整地发掘和利用绿色空间的规划效果。因此,在城市边缘区绿色空间规划中运用"空间三元论"和"概念三元组"模型是一个可行的规划新方法。

(二)强调城乡绿色生态网络构建的规划理念

空间生产理论就空间生产对自然生态系统造成的影响进行了批判,强调从自然生态网络维护的角度重新审视空间生产活动。城市边缘区绿色空间是城乡生态网络的关键环节,为城市传送着自然生态系统服务功能,发挥着生物生态踏脚石功能,承载着城乡生物多样性,并且其赋有的边缘效应使其具有极高的生态价值、社会价值和经济价值。可见,城市边缘区绿色空间作为城乡生态网络的重要组成部分的同时,还是城市与自然之间物质、能量和信息交流的界面,在绿色空间规划中应当被重点关注。

传统的城乡规划将城市边缘区绿色空间作为非建设用地,通过"一刀切"式的空间划定方式和统一均质的指标管控方法进行规划(龙瀛,等,2006;陆希刚,2013),另外,受欧美国家规划思想的影响(何永,等,2011;谢咏梅,冯晓峰,2010),城市边缘区绿色空间被作为限制城市扩张的空间工具,以"绿环"的形式独立于城市外围,与城市发展成对立关系。空间生产理论更新了城市边缘区绿色空间的规划理念,将城市边缘区的绿色空间作为协调城乡生态系统功能、保障城乡生态安全的关键要素。在这样的规划理念下,城市边缘区绿色空间不再独立于城乡之外,而是成为城乡生态网络的有机组成部分,甚至是至关重要的环节,城市边缘区绿色空间的多维度价值也具备了施展的条件。

(三)注重城市地标性生物多样性维护的规划内容

空间生产理论提倡尊重和敬畏自然界中的多样生物,并强调不同生态系统和生物在绿色空间中生存的平等权利。其中对多元生态系统维护的强调即是对地方乡土生物多样性的强调,因此,在城乡绿色空间规划中应当将地方乡土生态系统的多样性和乡土生物多样性的维护纳入规划内容。

当下的城乡绿色空间规划管控对生物多样性的关注持续提高(沈清基,2004;王成,彭镇华,2004),但乡土生物多样性还未成为核心规划内容融入现行规划体系,目前处于倡议和理论研究阶段。城市边缘区绿色空间是乡土生物多样被破坏的集中区域,而乡土生物多样性应当是城市地标性景观和生物多样性财富的体现,理应作为重要的规划保护内容植入现行规划体系中,以促进生态理性下的城乡绿色空间规划体系完善。

二、改变空间生产方式

(一)基于自然的解决方案

空间生产对自然生态环境造成了巨大压力,城市边缘区面临着生态系统服务功能受损、生态环境恶化等生态问题。在空间生产过程中,人类用狂妄的姿态肆意改造自然,忽略了自然生态系统的强大力量。基于自然的解决方案是在尊重和认识自然生态过程的基础上,利用自然的力量取代人工技术解决生态问题,鼓励运用生态技术和其他科技的力量,但自然力量是解决方案中真正做功的核心部分(陈梦芸,林广思,2019)。

空间生产活动不可避免地会对自然生态产生影响,因此,将基于自然的解决方案融入空间生产过程以消解所产生的生态环境问题十分必要。目前,基于自然的解决方案实践在国内外积累了大量实践案例,但仍处于探索阶段(陈梦芸,林广思,2019),并且多聚焦在国家尺度和区域尺度,抑或是场地尺度(罗明,等,2020;林伟斌,孙一民,2020),鲜有对城市边缘区的实践案例和研究。

(二)实现可持续发展

城市边缘区的空间生产活动需要和人的现实生存境况联系起来,这意味着将可持续发展理念融入空间生产活动至关重要。可持续发展理念补充了传统城乡建设价值观的不足,期望凭借生态理念的力量约束人们对自然生态的无节制开发,实现对自然资源的可持续利用,确保人类长久稳定的发展和自然生态系统的平衡。

可持续发展理念在城市边缘区空间生产活动中的实现涉及了空间生产的全过程,从选址到生产技术的革新,再到生态问题的治理,都需要坚持推行可持续发展理念。可持续发展并非就是放弃经济发展,而是采用高效环保技术,用生态理性的思维,寻找空间生产与自然和谐共存的途径。值得一提的是,可持续发展的实现本身就需要强大的经济能力和先进的生态科技,可见,经济发展与可持续发展并非相互背离,而是可以实现互利共生的。

三、建立完善制度

(一)市场制度完善

空间生产活动就本质而言是一种市场行为,市场在空间生产中发挥主导作用,空间生产的驱使实则是市场驱使的完全表达。城市边缘区空间生产活动对自然生态系统的过度干扰和破坏违背了人类的长久利益,因此,需要通过完善制度,对市场中的资本进行限制。空间生产中市场制度的完善至少需要关注两个方面,首先,限制过量的和过度的空间生产活动,避免自然资源被无节制掠夺;其次,限制空间生产的消费异化现象,避免绿色空间被过度物化和符号化,遮蔽了其中蕴含的人文价值和社会价值。虽然城市边缘区的空间生产是一种市场化行为,但其中的市场主体包含政府、企业、商人等,各市场主体的利益复杂交错,往往造成空间生产下绿色空间的价值偏差,因此,对应市场制度的完善也是极其复杂的过程,需要有效的法律制度、政策制度以及生态伦理制度共同参与。

(二)多元主体参与

空间生产下城市边缘区绿色空间的改造活动需要多元主体的参与,其中不仅包括城市主体和乡村主体,还包括自然生态系统中的多元生态系统主体和生物主体。在现行的空间规划体系制度中,对公众参与制度的建设大多集中在城市区域,关注城市范围中多元社会主体在空间改造活动中的参与方式和参与程度(王青斌,2012;赵民,刘婧,2010),也不乏对乡村村民公众参与制度的研究和实践,关注村民公众参与的模式和参与制度等(边防,等,2015;潜莎娅,等,2016)。

然而,鲜有关注自然生态系统中多元主体在空间规划中的参与机制的研究,这种持久的对自然生态系统的忽视正是造成城市边缘区生态环境问题的主要原因。

小结:

本章总结了空间生产理论对城市边缘区绿色空间规划管控的影响与启示。首先,空间生产理论开拓了城市边缘区绿色空间研究的新视野;其次,空间生产理论帮助人们认清了城市边缘区绿色空间的消极后果;最后,空间生产理论指引了城市边缘区绿色空间规划的方向。

空间生产理论开拓城市边缘区绿色空间研究的新视野主要体现在两个方面:一是丰富了城市边缘区绿色空间的内涵,空间生产理论解读了城市边缘区绿色空间的资本内涵、城乡关系内涵和生态内涵;二是为城市边缘区绿色空间提供了新的分析方法,包含"空间三元论""概念三元组"和日常生活视角在城市边缘区绿色空间研究中的应用途径。

空间生产理论厘清了城市边缘区绿色空间中的消极后果,主要表现在三个方面:一是资本增值逻辑下的绿色空间消极后果,包含绿色空间的异化现象和技术理性对绿色空间的肢解;二是城乡差距扩大下的绿色空间消极后果,包含绿色空间利益分布不均和绿色空间中城市的中心性和中心化凸显;三是非生态化现象下的绿色空间消极后果,包括绿色空间生态功能的消解和非生态化空间生产方式在绿色空间中的盛行。

空间生产理论还指引城市边缘区绿色空间规划的方向,包含对规划方法和思路的指引,对空间生产方式的指引和对制度建设的指引。对规划方法和思路的指引包含鼓励运用"空间三元论"和"概念三元组"模型的规划方法、强调城乡绿色生态网络构建的规划理念和注重城市地标性生物多样性维护的规划内容;对空间生产方式的指引则是提倡在空间生产中融入基于自然的解决方案和推进可持续发展的实现;对制度建设的指引至少包含市场制度完善和多元主体参与两个方面。

空间生产理论通过对日常生活的关注,凸显空间异化的现象,倡导对空间正义的追求。由于城市边缘区绿色空间的变化多与城市边缘区空间生产活动密切相关,并且布满日常生活,空间生产理论的分析研究方法可应用于城市边缘区绿色空间的特征研究,而城市边缘区绿色空间中也充满对空间正义的诉求。城市边缘区绿色空间正义的实现既是如何在城乡之间实现正义的问题,也是如何坚持绿色空间改造实践过程正义的问题。绿色空间正义是对正义的空间维度和类型的完善,对城镇化过程中城乡绿色空间规划管控有重要的启示意义。

基于空间生产理论的绿色空间正义,对空间生产的生态化运行和城乡绿色空间的有效管理都具有重要意义。首先,绿色空间正义为绿色空间的利益分配有启示意义,对维护城乡公民空间权利的平衡,协调城乡主体社会关系都有推动作用;其次,绿色空间正义有助于绿色空间的可持续发展,这是代与代之间绿色空间正义的实现;最后,绿色空间正义有助于解决城乡生态危机,通过鼓励将生态伦理融入绿色空间改造过程,实现对多元生态系统和多样生物的尊重和维护,实现人与自然和谐的绿色空间关系。

绿色空间正义的维护所涵盖的内容十分广泛,具体而言,绿色空间正义需要维护以下空间权益。

首先,确保绿色空间分配机制的正义。空间生产理论揭示了空间作为日常生活支撑的基础作用,每个公民都拥有公平的适用绿色空间和绿色空间产品的权利,丝毫不能因地位、身份和经济实力等因素的差异而影响公民对绿色空间的使用权利。另外,城市政府需做好绿色空间的规划、管理和维护的相关工作,确保城乡绿色空间资源供给的均衡性。

其次,确保绿色空间改造决策过程中多元主体参与的正义性。

在城市边缘区绿色空间的改造过程中,需要避免城市的中心话语权,避免城市中心性和中心化现象对城市边缘区弱势群体和乡村居民利益的损害,确保所有利益相关的城乡居民主体都能平等而有效地参与到城市边缘区绿色空间改造决策中。绿色空间改造决策应当兼顾规划设计的技术理性和价值理性,需要物质与人文的结合,精英与平民的共同主导。多元主体的参与需要有完善的政策与制度的保障,程序公开透明并受到合理监督,公民尽量知情、积极参与,事后有完善的审查和申诉制度。

最后,确保人与自然的和谐关系,这是实现绿色空间正义的必然选择。绿色空间正义是将绿色空间看作所有自然生态系统和多样生物共同生存的空间,而所有生物都拥有平等的在绿色空间中生存的权利和与自然互动的权利。人与自然的和谐相处需要消解传统的以人为中心区统治自然的思维模式,将人作为自然生态系统的构成要素之一,破除人凌驾于自然和其他生物之上的权利。

城市边缘区绿色空间改造,需要消解空间异化,推行生态化的空间改造方式才能实现绿色空间正义。

参考文献

[1]Andrews R B. Elements in the urban fringe pattern[J]. *Journal of Land and Public Utility Economics*,1942,18(2):169-183.

[2]Bekessy S A,White M,Gordon A,et al. Transparent planning for biodiversity and development in the urban fringe [J/OL]. *Landscape and Urban Planning*,2012,108(2-4):140-149[2012-09-01]. http://doi. org/10. 1016/j. landurbplan.

[3]Bryant C,Russwurm L. The Impact of Nonagricultural Development on Agriculture:A Synthesis[J]. *Plant Canada*,1979,19(2):122-139.

[4]Conzen M R G. *Alnwick, Northumberland:a study in town-plan analysis* [M]. London:Institute of British Geographers Publication,1960.

[5]Desai A,Gupta S S. Problem of changing land-use pattern in the rural-urban fringe[J]. *Concept Publishing Company*,1987.

[6]Dramstad W E,et al. *Landscape Ecology Principles in landscape Architecture and Land-Use Planning* [M]. Washington DC:Island Press,1996.

[7]Friedmann J,Miller J. The Urban Filed[J]. *Journal of the American Institute of Planners*,1965(31):312-320.

[8]Golledge R G. Sydneys metropolitan fringes:A study in urban-rural relations[J]. *Australian Geographer*,1960,7(6):243-255.

[9]Hickman C. "To brighten the aspect of our streets and increase

the health and enjoyment of our city": the national health society and urban green space in late nineteenth century London[J]. *Landscape and Urban Planning*, 2013(118): 112-119.

[10] Kabisch N, Haase D. Green spaces of European cities revisited for 1990-2006 [J]. *Landscape and Urban Planning*, 2013 (110): 113-122.

[11] Lange E, Hehl-Lange S, Brewer M J. Scenario-visualization or he ssessment of received reen pace ualities at the urban-rural fringe [J/OL]. *Journal of Environmental Management*, 2008, 89 (3): 245-256[2007-01-06]. http://doi. org/10. 1016/j. jenvman.

[12] Marco Amati. Temporal Changes and Local Variations in the Functions of London's Green Belt[J]. *Landscape and Urban Planning*, 2005(5): 1-3.

[13] Pryor R J. Defining the rural-urban fringe[J]. *Social Forces*, 1968, 42(2): 202-215.

[14] Russwurm L. *Urban Fringe and Urban Shadow*[M]. Toronto: Holt, Rinehart and Winston, 1975: 148-164.

[15] Soini K, Vaarala H, Pouta E. Residents' sense of place and landscape perceptions at the rural-urban interface [J]. *Landscape and Urban Planning*, 2012, 104(1): 124-134.

[16] Turner T. Open space planning in London: From standers per 1000 to green strategy[J]. *Town Planning Review*, 1992(63): 365-385.

[17] Vizzari M, Sigura M. Landscape sequences along the urban-rural-natural gradient: A novel geospatial approach for identification and analysis [J/OL]. *Landscape and Urban Planning*, 2015(140): 42-55[2015-04-01]. http://doi. org/10. 1016/j. landurbplan.

[18]Wahrwein GS. The rural-urban fringe[J]. *Economic Geography*, 1942,18(3):217-228.

[19]Wang X J. Type,quanity and layout of urban peripheral green space[J]. *Journal of Forestry Research*,2001(11):67-70.

[20]Watanabe T,Amati M,Endo K,et al. *The Abandonment of Tokyo's Green Belt and the Search for a New Discourse of Preservation in Tokyo's Suburbs*[M]//Amati M. Urban Green Belts in the Twenty-first Century. Aldershot, Hampshire: Ashgate Publishing,2008:21-36.

[21]WhitehandJ W R. Urban fringe belts:development of an idea [J]. *Planning Perspectives*,1988,3(1):47-58.

[22]Buzinde C N,Manuel Navarrete D. The social production of space in tourism enclaves: mayan children's perceptions of tourism boundaries[J]. *Annals of Tourism Research*, 2013 (43):482-505.

[23]Castell S M. *The City and the Grassroots*[M]. University of California Press,1985.

[24]Costanza R d'Arge R ,de Groot R, et al. The value of the world's ecosystem services and natural capital[J]. *Nature*, 1997,387(15):253-260.

[25]Daily G C. *Nature's Services:Social Dependence on Natural Ecosystem*[M]. Washington DC:Island Press,1997: 1-10.

[26]Evert K J. *Dictionary Landscape and Urban Planning*[M]. Berlin:Springer,2001:5.

[27]Frisvoll S. Power in the production of spaces transformed by rural tourism[J]. *Journal of Rural Studies*, 2012, 28 (4): 447-457.

[28]Halfacree K. Trial by space for a radical rural:Introducing alternative

localities, representations and lives[J]. *Journal of Rural Studies*, 2007,23(2):125-141.

[29]Lefebvre H. *Space：social product and use value*[M]//State, space, world：selected essays. Brenner N, Elden S, eds. Moore G, Brenner N Elden S, trans. Minneapolis：University of Minnesota Press,2009:183-195.

[30]Lefebvre H. *The Production of Space*[M]. Oxford：Blackwell,1991.

[31]Nasongkhla S,Sintusingha S. Social Production of Space in Johor Bahru[J]. *Urban Studies*,2012,50(9)：1836-1853.

[32]Norberg J. Linking Nature's services to ecosystems：Some general ecological concepts[J]. *Ecol Econom*,1999(9)：183-202.

[33]Phillips M. The production, symbolization and socialization of gentrification：impressions from two Berkshire villages [J]. *Transactions of the Institute of British Geographers*,2002,27 (3):282-308.

[34]Sharp J P. *Entanglements of power：geographies of domination/ resistance*[M]. London：Routledge,2000.

[35]World Resources Institute. *Ecosystems and Human Well-Being：A Framework for Assessment* [M]. 2nd ed. Washington DC：Island Press,2003.

[36]Zawawi Z,Corijn E,Van Heur B. Public spaces in the occupied Palestinian territories[J]. *Geo Journal*,2013,78(4)：743-758.

[37]McKinney M L. Correlated non-native species richness of birds, mammals, herptiles and plants：scale effects of area, human population and native plants[J]. *Biological Invasions*,2006,8 (3):415-425.

[38]Melbourne 2030[EB/OL]. http://www. nre. vic. gov. au/ melbourne 2030online.

[39]Walker J S,Grimm N B,Briggs J M,et al. Effects of urbanization on plant species diversity in central Arizona[J]. *Frontiers in Ecology and the Environment*,2009,7(9):465-470.

[40]埃比尼泽·霍华德.明日的田园城市[M].金经元,译.北京:商务印书馆,2006.

[41]边振兴,王晓良.利用 RS 和 GIS 技术对沈阳市城市边缘区扩展的研究[J].沈阳农业大学学报,2015,46(3):316-321.

[42]曹广忠,缪杨兵,刘涛.基于产业活动的城市边缘区空间划分方法——以北京主城区为例[J].地理研究,2009,28(3):771-780.

[43]岑晓腾.土地利用景观格局与生态系统服务价值的关联分析及优化研究[D].杭州:浙江大学. https://kns. cnki. net/KCMS/detail/detail. aspx? dbname=CDFDLAST2021&filename= 1016243244. nh.

[44]常青,李双成,李洪远,等. 城市绿色空间研究进展与展望[J].应用生态学报,2007,18(7):1640-1646.

[45]程连生,赵红英.北京城市边缘带探讨[J].北京师范大学学报(自然科学版),1995,31(1):127-133.

[46]陈爽,张皓.国外现代城市规划理论中的绿色思考[J].规划师,2003(4):71-74.

[47]陈玮珍.基于土地利用绩效的小城镇城市边缘区绿色空间管控研究[D].武汉:华中农业大学. https://kns. cnki. net/KCMS/detail/detail. aspx? dbname=CMFD201601&filename=1015392110. nh.

[48]崔功豪,武进.中国城市边缘区空间结构特征及其发展——以南京等城市为例[J].地理学报,1990,45(4):399-411.

[49]翟国强.中国现代大城市中心城区边缘区的发展与建设[D].天津:天津大学,2007.

[50]董立东.绿色空间设计理念在城市建设中的应用[J].广西城镇建设,2007(11):59-61.

[51]段彦博,雷雅凯,吴宝军,等.郑州市绿地系统生态服务价值评价

及动态研究[J].生态科学,2016(2):81-88.doi:10.14108/j.cnki.1008-8873.2016.02.013.

[52]费孝通.乡土中国[M].上海:上海人民出版社,2007.

[53]龚兆先,周永章.环城绿带对城乡边缘带景观的促进机制[J].城市问题,2005(4):31-34.

[54]顾朝林,熊江波.简论城市边缘区研究[J].地理研究,1989,8(3):35-101.

[55]顾朝林,陈田,丁金宏.中国大城市边缘区特性研究[J].地理学报,1993,48(4):317-328.

[56]顾朝林.中国大城市边缘区研究[M].北京:科学出版社,1995.

[57]亨利·列斐伏尔.空间的生产[M].北京:商务印书馆,2021.

[58]何永,王如松,郭睿.由绿环争论到环北京地区绿色空间格局[J].动感(生态城市与绿色建筑),2011(3):69-77.

[59]黄海,刘建军,康博文,等.城市绿地内部温湿效应及光环境的初步研究[J].西北林学院学报,2008(3):57-61.

[60]胡忠秀,周忠学.西安市绿地生态系统服务功能测算及其空间格局研究[J].干旱区地理,2013(3):553-561.doi:10.13826/j.cnki.cn65-1103/x.2013.03.017.

[61]李灿,张凤荣,朱泰峰,等.大城市边缘区景观破碎化空间异质性——以北京市顺义区为例[J].生态学报,2013(17):5363-5374.

[62]李海波,杨岚.城市绿色空间系统规划设计研究:实施园林城市建设工程新探索[J].城市规划,1999,23(8):53-54.

[63]李黎.广州城市边缘区规划管理研究——以数字技术为辅助手段[D].武汉:华中科技大学,2006.

[64]李凯,沈雯,黄宗胜.城市绿色空间生态系统文化服务绩效评价——以贵阳市黔灵山公园为例[J].城市问题,2019(3):44-50.doi:10.13239/j.bjsshkxy.cswt.190306.

[65]刘颂,杨莹.生态系统服务供需平衡视角下的城市绿地系统规划策略探讨[J].中国城市林业,2018(2):1-4.

[66]李世峰,白人朴.基于模糊综合评价的大城市边缘区地域特征属性的界定[J].中国农业大学学报,2005,10(3):99-104.

[67]李雪松.城市环城绿带的生态建设与规划设计[D].上海:同济大学,2008.

[68]李小龙,杨英宝,曹利娟,等.基于遥感和CFD模拟的城市绿地形态对热环境的影响研究[J].遥感技术与应用,2016(6):1150-1157.

[69]李想,雷硕,冯骥,等.北京市绿地生态系统文化服务功能价值评估[J].干旱区资源与环境,2019(6):33-39.doi:10.13448/j.cnki.jalre.2019.165.

[70]李莹莹,邓雅云,陈永生,等.基于卫星遥感的合肥城市绿色空间对热环境的影响评估[J].生态环境学报,2018(7):1224-1233.doi:10.16258/j.cnki.1674-5906.2018.07.005.

[71]鹿金东,吴国强,余思澄,等.上海环城绿带建设实践初析[J].中国园林,1999(2):46-48.

[72]龙燕.城市边缘区风景园林空间特征研究[D].武汉:武汉大学,2014.https://kns.cnki.net/KCMS/detail/detail.aspx?dbname=CDFDLAST2017&filename=1014249690.nh.

[73]马克思,恩格斯.马克思恩格斯选集(第1卷)[M].北京:人民出版社,1995.

[74]麦克哈格.设计结合自然[M].芮经纬,译.北京:中国建筑工业出版社,1992.

[75]马明菲.伦敦绿环政策演变的理论背景及其成效[J].动感(生态城市与绿色建筑),2011(3):115-122.

[76]马晓.西安城市边缘区演化特征及发展模式研究——以泾阳县为例[D].西安:西北大学,2015.

[77]孟伟庆,李洪远,朱琳.城市绿化的发展思路——绿色空间建设[J].城市环境与城市生态,2005,18(2):8-10.

[78]闵希莹,杨保军.北京第二道绿化隔离带与城市空间布局[J].城市规划,2003(9):17-26.

[79]木皓可,张云路,马嘉,等.从"其他绿地"到"区域绿地":城市非建设用地下的绿地规划转型与优化[J].中国园林,2019(9):42-47.doi:10.19775/j.cla.2019.09.0042.

[80]孙佩锦,陆伟.城市绿色空间与居民体力活动和体重指数的关联性研究——以大连市为例[J].南方建筑,2019(3):34-39.

[81]孙全胜.列斐伏尔"空间生产"的理论形态研究[D].南京:东南大学,2015.https://kns.cnki.net/KCMS/detail/detail.aspx?dbname=CDFDLAST2016&filename=1016755913.nh.

[82]孙全胜.浅论我国城镇化的路径选择[J].城市,2020(11):75-79.

[83]宋金平,李丽平.北京市城乡过渡地带产业结构演化研究[J].地理科学,2000,20(1):20-26.

[84]荣玥芳,郭思维,张云峰.城市边缘区研究综述[J].城市规划学刊,2011(4):93-100.

[85]汤西子."农业—自然公园"规划[D].重庆:重庆大学,2018.https://kns.cnki.net/KCMS/detail/detail.aspx?dbname=CDFDLAST2019&filename=1019817159.nh.

[86]涂人猛.城市边缘区初探——以武汉市为例[J].地理学与国土研究,1990,6(4):35-39.

[87]王发曾,唐乐乐.郑州城市边缘区的空间演变、扩展与优化[J].地域研究与开发,2009,28(6):51-57.

[88]王海鹰,张新长,康停军,等.基于多准则判断的城市边缘区界定及其特征[J].自然资源学报,2011,26(4):703-714.

[89]王浩,王亚军.城市绿地系统规划塑造城市特色[J].中国园林,2007(9):90-94.

[90]王俊祺,金云峰.新《城市绿地分类标准》区域绿地在"空间规划体系"中的策略研究[J].中国风景园林学会 2018 年会论文集,2018.

[91]王雷,李丛丛,应清,等.中国 1990—2010 年城市扩张卫星遥感制图[J].科学通报,2012,57(16):1388-1399.

[92]王思元.城市边缘区绿色空间的景观生态规划设计研究[D].北京:北京林业大学,2012. https://kns. cnki. net/KCMS/detail/detail. aspx? dbname=CDFD1214&filename=1012348915. nh.

[93]王旭.大都市区政府治理的成功案例:波特兰大都市章程[J].江海学刊,2011(2):182-187.

[94]王旭东,王鹏飞,杨秋生.国内外环城绿带规划案例比较及其展望[J].规划师,2014(12):93-99.

[95]文萍,吕斌,赵鹏军.国外大城市绿带规划与实施效果——以伦敦、东京、首尔为例[J].国际城市规划,2015(S1): 57-63.

[96]魏悦.北京居住区绿地夜间声环境调查[J].智能城市,2016(4):138-139. doi:10.19301/j. cnki. zncs. 2016.04.081.

[97]吴承照,曾琳.以街旁绿地为载体再生传统民俗文化的途径——上海苏州河畔九子公园[J].城市规划学刊,2006(5): 99-102.

[98]吴国强,余思澄.上海城市环城绿带规划开发理念初探[J].城市规划,2001(4):74-75.

[99]吴蒙.长三角地区土地利用变化的生态系统服务响应与可持续性情景模拟研究[D].上海:华东师范大学,2017. https://kns. cnki. net/KCMS/detail/detail. aspx? dbname = CDFDLAST2017& filename=1017062562. nh.

[100]谢鹏飞.伦敦新城规划建设研究(1898—1978)——兼论伦敦新城建设的经验、教训和对北京的启示［D].北京:北京大学,2009.

[101]邢忠."边缘效应"与城市生态规划[J].城市规划,2001(6):

44-49.

[102]邢忠,王琦.论边缘空间[J].新建筑,2005(5):82-85.

[103]邢忠.边缘区与边缘效应:一个广阔的城乡生态规划视域[M].北京:科学出版社,2007.

[104]邢忠,汤西子,顾媛媛,等.全域空间视野下城乡共享农业—自然公园规划[J].共享与品质——2018中国城市规划年会论文集(08城市生态规划),2018.

[105]徐波.城市绿地分类标准:CJJ/T 85-2017[M].北京:中国建筑工业出版社,2017.

[106]杨小鹏.英国的绿带政策及对我国城市绿带建设的启示[J].国际城市规划,2010(1):100-106.

[107]严重敏,刘君德.关于城乡接合部若干问题的初探[J].城市经济研究,1989(2):12.

[108]姚亚男,李树华.基于公共健康的城市绿色空间相关研究现状[J].中国园林,2018(1):118-124.

[109]约翰·冯·杜能.孤立国同农业和国民经济的关系[M].吴衡康,译.北京:商务印书馆,1986.

[110]余洋,王馨笛,陆诗亮.促进健康的城市景观:绿色空间对体力活动的影响[J].中国园林,2019(10):67-71.doi:10.19775/j.cla.2019.10.0067.

[111]张明龙,周剑勇,刘娜.杜能农业区位论研究[J].浙江师范大学学报(社会科学版),2014(5):95-100.

[112]章文波,方修琦,张兰生.利用遥感影像划分城乡过渡带方法的研究[J].遥感学报,1999,3(3):199-202.

[113]赵警卫,夏婷婷.城市绿地中的声景观对精神复愈的作用[J].风景园林,2019(5):83-88.doi:10.14085/j.fjyl.2019.05.0083.06.

[114]赵娟,许芗斌,唐明.韧性导向的美国《诺福克城绿色基础设施

规划》研究[J].国际城市规划,2021(4):148-153.doi:10.
19830/j.upi.2019.667.

[115]赵志模,郭依泉.群落生态学原理与方法[M].重庆:科学技术文
献出版社重庆分社,1990.

[116]周捷.大城市边缘区理论及对策研究——武汉市实证分析[D].
上海:同济大学,2007.

[117]周兆森,林广思.城市公园绿地使用的公平研究现状及分析[J].
南方建筑,2018(3):53-59.

[118]朱古月,潘宜.城市绿色空间服务绩效评估及影响机制——基
于武汉中心城区的案例[J].经济地理,2020(8):86-95.doi:10.
15957/j.cnki.jjdl.2020.08.011.

[119]自然资源部.自然资源部办公厅关于印发《国土空间调查,规
划,用途管制用地用海分类指南(试行)》的通知(自然资办发
〔2020〕51号)[J].自然资源通讯,2020(23).

[120]艾娣雅·买买提.绿色文明背景上的树崇拜考释——维吾尔木
文化解读[J].广西民族学院学报(哲学社会科学版),2001(3):
29-32.

[121]包亚明.现代性与空间的生产[M].上海:上海教育出版
社,2003.

[122]包亚明.消费文化与城市空间的生产[J].学术月刊,2006(5):
11-13,16.doi:10.19862/j.cnki.xsyk.2006.05.003.

[123]蔡筱君,夏铸九.重读达悟家屋——达悟家屋之空间生产[J].城
市设计与学报,1998(4):37-76.

[124]陈见微.北方民族的树崇拜[J].中国典籍与文化,1995(4):122-
127.doi:10.16093/j.cnki.ccc.1995.04.026.

[125]陈玉琛.列斐伏尔空间生产理论的演绎路径与政治经济学批判
[J].清华社会学评论,2017(2):136-160.

[126]程俊,何昉,刘燕.岭南村落风水林研究进展[J].中国园林,2009

(11):93-96.

[127]崔笑声."空间生产"理论视域下的社区环境设计[J].设计,2020(13):81-84.

[128]戴培超,张绍良,刘润,等.生态系统文化服务研究进展——基于Web of Science分析[J].生态学报,2019(5):1863-1875.

[129]大卫·哈维.正义、自然和差异地理学[M].胡大平,译.上海:上海人民出版社,2010.

[130]大卫·哈维.第六章:技术问题[M]//马克思与资本论.周大昕,译.北京:中信出版社,2018.

[131]邓智团.空间正义、社区赋权与城市更新范式的社会形塑[J].城市发展研究,2015(8):61-66.

[132]段晓明.中国山岳崇拜信仰[J].艺海,2012(2):130-131.

[133]高春花,孙希磊.我国城市空间正义缺失的伦理视阈[J].学习与探索,2011(3):21-24.

[134]高慧智,张京祥,罗震东.复兴还是异化?消费文化驱动下的大都市边缘乡村空间转型——对高淳国际慢城大山村的实证观察[J].国际城市规划,2014(1):68-73.

[135]关传友.中国古代风水林探析[J].农业考古,2002(3):239-243.

[136]郭恩慈.空间、时间与节奏:列斐伏尔的空间理论初析[J].城市与设计学报,1998(5/6):171-185.

[137]郭文."空间的生产"内涵、逻辑体系及对中国新型城镇化实践的思考[J].经济地理,2014(6):33-39,32.

[138]郭文,王丽.文化遗产旅游地的空间生产与认同研究——以无锡惠山古镇为例[J].地理科学,2015(6):708-716.doi:10.13249/j.cnki.sgs.2015.06.006.

[139]韩勇,余斌,朱媛媛,等.英美国家关于列斐伏尔空间生产理论的新近研究进展及启示[J].经济地理,2016(7):19-26,37.doi:10.15957/j.cnki.jjdl.2016.07.003.

[140]亨利·列斐伏尔.都市革命[M].刘怀玉,张笑夷,郑劲超,译.北京:首都师范大学出版社,2018.

[141]何海狮."空间生产"视野下的农村居住空间变迁研究——以环江毛南族自治县堂八村为例[J].广西民族师范学院学报,2016(1):12-16.doi:10.19488/j.cnki.45-1378/g4.2016.01.005.

[142]何雪松.空间、权力与知识:福柯的地理学转向[J].学海,2015(6):44-48.doi:10.16091/j.cnki.cn32-1308/c.2005.06.009.

[143]何艳冰,黄晓军,杨新军,等.快速城市化背景下城市边缘区失地农民适应性研究——以西安市为例[J].地理研究,2017(2):226-240.

[144]胡卫东,吴大华.黔东南苗族树崇拜调查与研究[J].原生态民族文化学刊,2011(1):138-142.

[145]胡毅.对内城住区更新中参与主体生产关系转变的透视——基于空间生产理论的视角[J].城市规划学刊,2013(5):100-105.

[146]胡志强,段德忠,曾菊新.基于空间生产理论的商业文化街区建设研究——以武汉市楚河汉街为例[J].城市发展研究,2013(12):116-121.

[147]姜文锦,陈可石,马学广.我国旧城改造的空间生产研究——以上海新天地为例[J].城市发展研究,2011(10):84-89,96.

[148]季松.消费时代城市空间的生产与消费[J].城市规划,2010(7):17-22.

[149]居伊·德波.景观社会[M].王昭风,译.南京:南京大学出版社,2006.

[150]廖宇红,陈传国,陈红跃,等.广州市莲塘村风水林群落特征及植物多样性[J].生态环境,2008(2):812-817.doi:10.16258/j.cnki.1674-5906.2008.02.078.

[151]刘彬,陈忠暖.权力、资本与空间:历史街区改造背景下的城市消费空间生产——以成都远洋太古里为例[J].国际城市规划,

2018(1):75-80,118.

[152]刘怀玉.现代性的平庸与神奇——列斐伏尔日常生活批判哲学的文本学解读[M].北京:中央编译出版社,2006.

[153]刘林,关山,李建伟,等.城郊型村庄空间生产过程与机理——铜川市3个村庄的案例实证[J].西北大学学报(自然科学版),2018(1):132-142,148. doi:10.16152/j.cnki.xdxbzr.2018-01-020.

[154]刘珊,吕拉昌,黄茹,等.城市空间生产的嬗变[J].城市发展研究,2013(9):41-47.

[155]刘守英,王一鸽.从乡土中国到城乡中国——中国转型的乡村变迁视角[J].管理世界,2018(10):128-146,232. doi:10.19744/j.cnki.11-1235/f.2018.10.012.

[156]刘涛.社会化媒体与空间的社会化生产:福柯"空间规训思想"的当代阐释[J].国际新闻界,2014(5):48-63. doi:10.13495/j.cnki.cjjc.2014.05.004.

[157]刘燕.资本空间化的生态批判[J].国外理论动态,2017(10):46-52.

[158]陆小成.新型城镇化的空间生产与治理机制——基于空间正义的视角[J].城市发展研究,2016(9):94-100.

[159]李鹏,张小敏,陈慧.行动者网络视域下世界遗产地的空间生产——以广东开平碉楼与村落为例[J].热带地理,2014(4):429-437. doi:10.13284/j.cnki.rddl.002574.

[160]李昊.公共性的旁落与唤醒——基于空间正义的内城街道社区更新治理价值范式[J].规划师,2018(2):25-30.

[161]李伟,华梦莲.浅论资本空间生产与我国区域空间不平等[J].荆楚学刊,2018(1):18-21. doi:10.14151/j.cnki.jcxk.2019.01.003.

[162]李树华,姚亚男,刘畅,等.绿地之于人体健康的功效与机

理——绿色医学的提案[J].中国园林,2019(6):5-11.doi:10.19775/j.cla.2019.06.0005.

[163]鲁宝.空间政治经济学批判的出场、内在逻辑与理论旨趣——以列斐伏尔为中心的考察[J].社会科学家,2017(9):31-37.

[164]陆益龙.后乡土中国的基本问题及其出路[J].社会科学研究,2015(1):116-123.

[165]马克思,恩格斯.马克思恩格思全集(第1卷)[M].北京:人民出版社,1996:25.

[166]马丁·海德格尔.存在与时间[M].陈嘉映,王庆节,译.北京:三联书店,2006:420.

[167]马雪梅,李焕.传承地域文化,构建绿色空间——以汤原县大米河(哈肇路—建设街)河道景观设计为例[J].沈阳建筑大学学报(社会科学版),2014(2):135-140.

[168]曼纽尔·卡斯特,王志弘.流动空间中社会意义的重建[J].国外城市规划,2006(5):101-103.

[169]曼纽尔·卡斯特,王红扬,李祎.城市意识形态[J].国外城市规划,2006(5):15-29.

[170]米歇尔·福柯.规训与惩罚[M].刘北成,等译.北京:三联书店,2003.

[171]秦彦,沈守云,吴福明.森林生态系统文化功能价值计算方法与应用——以张家界森林公园为例[J].中南林业科技大学学报,2010(4):26-30.doi:10.14067/j.cnki.1673-923x.2010.04.029.

[172]任政.资本、空间与正义批判——大卫·哈维的空间正义思想研究[J].马克思主义研究,2014(6):120-129.

[173]茹伊丽,李莉,李贵才.空间正义观下的杭州公租房居住空间优化研究[J].城市发展研究,2016(4):107-117.

[174]沈昊,钱振澜,王竹."空间生产"理论视角下休闲体验型乡村人居环境演变机制研究[J].建筑与文化,2020(2):51-54.

[175]晁恒,马学广,李贵才.尺度重构视角下国家战略区域的空间生产策略——基于国家级新区的探讨[J].经济地理,2015(5):1-8.doi:10.15957/j.cnki.jjdl.2015.05.001.

[176]宋成军,赵志刚,钱增强,等.城市绿色空间的生态学研究[J].科技情报开发与经济,2006(4):150-152.

[177]孙九霞,苏静.旅游影响下传统社区空间变迁的理论探讨——基于空间生产理论的反思[J].旅游学刊,2014(5):78-86.

[178]孙九霞,周一.日常生活视野中的旅游社区空间再生产研究——基于列斐伏尔与德塞图的理论视角[J].地理学报,2014(10):1575-1589.

[179]孙全胜.列斐伏尔"空间生产"的政治批判性研究[J].集美大学学报(哲社版),2017(1):63-71.

[180]孙全胜.论列斐伏尔"空间生产"的理论形态[J].太原理工大学学报(社会科学版),2017(3):85-90.

[181]孙全胜.论马克思"空间生产"生态批判伦理的三重维度[J].西南民族大学学报(人文社科版),2020(2):100-105.

[182]孙全胜.论马克思"空间生产"生态批判伦理的路径及启示[J].内蒙古社会科学,2020(2):47-54.doi:10.14137/j.cnki.issn1003-5281.2020.02.007.

[183]王佃利,邢玉立.空间正义与邻避冲突的化解——基于空间生产理论的视角[J].理论探讨,2016(5):138-143.doi:10.16354/j.cnki.23-1013/d.2016.05.026.

[184]王玉珏.都市化、全球化与空间政治批判[J].天津社会科学,2011(1):31-34.

[185]王廷洽.中国古代的神树崇拜[J].青海师范大学学报(哲学社会

科学版),1995(2).doi:10.16229/j.cnki.issn1000-5102.1995.
02.006.

[186]吴冲.空间生产视角下大遗址区乡村社会空间演变及其机制研究
[D].西安:西北大学,2020.https://kns.cnki.net/KCMS/detail/
detail. aspx? dbname = CDFDLAST2021&filename =
1020314375.nh.

[187]夏铸九.再理论公共空间[J].城市设计与学报,1997(2/3):
63-89.

[188]夏铸九.再理论现代建筑——现代建筑的中国移植[J].城市与
设计学报,2019(24):7-38.

[189]席建超,王首琨,张瑞英.旅游乡村聚落"生产—生活—生态"空
间重构与优化——河北野三坡旅游区苟各庄村的案例实证[J].
自然资源学报,2016(3):425-435.

[190]杨贵庆,关中美.基于生产力生产关系理论的乡村空间布局优
化[J].西部人居环境学刊,2018(1):1-6.doi:10.13791/j.cnki.
hsfwest.20180101.

[191]杨甫旺,马粼.彝族树崇拜与生殖文化[J].云南师范大学学报
(哲学社会科学版),2002(1):107-110.

[192]杨舢,陈弘正."空间生产"话语在英美与中国的传播历程及其
在中国城市规划与地理学领域的误读[J].国际城市规划,2021
(3):23-32,41.doi:10.19830/j.upi.2021.066.

[193]杨宇振.权力,资本与空间:中国城市化1908—2008年——写在
《城镇乡地方自治章程颁布百年》[J].城市规划学刊,2009.

[194]袁方成,汪婷婷.空间正义视角下的社区治理[J].探索,2017
(1):134-139.doi:10.16501/j.cnki.50-1019/d.2017.01.019.

[195]叶超,柴彦威,张小林."空间的生产"理论、研究进展及其对中
国城市研究的启示[J].经济地理,2011(3):409-413.

[196]叶林,邢忠,颜文涛.城市边缘区绿色空间精明规划研究——核

心议题、概念框架和策略探讨[J].城市规划学刊,2017(1):30-38.doi:10.16361/j.upf.201701004.

[197]张敏,熊帼.基于日常生活的消费空间生产:一个消费空间的文化研究框架[J].人文地理,2013(2):38-44.doi:10.13959/j.issn.1003-2398.2013.02.026.

[198]张京祥,邓化媛.解读城市近现代风貌型消费空间的塑造——基于空间生产理论的分析视角[J].国际城市规划,2009(1):43-47.

[199]张京祥,耿磊,殷洁,等.基于区域空间生产视角的区域合作治理——以江阴经济开发区靖江园区为例[J].人文地理,2011(1):5-9.doi:10.13959/j.issn.1003-2398.2011.01.016.

[200]张京祥,胡毅.基于社会空间正义的转型期中国城市更新批判[J].规划师,2012(12):5-9.

[201]张佳.大卫·哈维的空间正义思想探析[J].北京大学学报(哲学社会科学版),2015(1):82-89.

[202]宗海勇.空间生产的价值逻辑与新型城镇化[D].苏州:苏州大学,2017.https://kns.cnki.net/KCMS/detail/detail.aspx?dbname=CDFDLAST2018&filename=1018062834.nh.

[203]周尚意,吴莉萍,张瑞红.浅析节事活动与地方文化空间生产的关系——以北京前门—大栅栏地区节事活动为例[J].地理研究,2015(10):1994-2002.

[204]庄立峰,江德兴.城市治理的空间正义维度探究[J].东南大学学报(哲学社会科学版),2015(4):45-49,146.doi:10.13916/j.cnki.issn1671-511x.2015.04.008.

[205]庄友刚.西方空间生产理论研究的逻辑、问题与趋势[J].马克思主义与现实,2011(6):116-122.doi:10.15894/j.cnki.cn11-3040/a.2011.06.002.

[206]庄友刚.空间生产与当代马克思主义哲学范式转型[J].学习论

坛,2012(8):62-66.

[207]陶克菲.生态建设新指标促节能减排——解读《生态县、生态市、生态省建设指标》修订[J].环境教育,2008(2):33-35.

[208]颜景高,贺巍.论符号化消费的社会逻辑[J].山东社会科学,2013(9):115-118.doi:10.14112/j.cnki.37-1053/c.2013.09.010.

[209]叶林,邢忠,颜文涛,等.趋近正义的城市绿色空间规划途径探讨[J].城市规划学刊,2018(3):57-64.doi:10.16361/j.upf.201803006.

[210]张强.国家生态文明建设示范市县的建设要义[J].中国生态文明,2019(5):16-18.

[211]郑曦.社区生活圈与绿色空间[J].风景园林,2021(4):6-7.

[212]曹钢.中国城镇化模式举证及其本质差异[J].改革,2010(4):78-83.

[213]陈红,张福红.马克思"总体的人"思想及其前提性反思[J].黑龙江社会科学,2014(6):8-11.

[214]陈志诚,曹荣林,朱兴平.国外城市规划公众参与及借鉴[J].城市问题,2003(5):72-75,39.

[215]高鉴国.新马克思主义城市理论[M].北京:商务印书馆,2007:100.

[216]罗小龙,张京祥.管治理念与中国城市规划的公众参与[J].城市规划汇刊,2001(2):59-62,80.

[217]孙平.迈向总体的人:新常态的人学向度[J].延安大学学报(社会科学版),2016(2):24-29.

[218]孙全胜.列斐伏尔"空间生产"的理论形态研究[D].南京:东南大学.https://kns.cnki.net/KCMS/detail/detail.aspx?dbname=CDFDLAST2016&filename=1016755913.nh.

[219]孙施文,殷悦.西方城市规划中公众参与的理论基础及其发展[J].国外城市规划,2004(1):15-20,14.

[220]唐鸿.西方马克思主义对"总体的人"的论证和诉求[J].理论月刊,2011(7):36-39.doi:10.14180/j.cnki.1004-0544.2011.07.014.

[221]田毅鹏,韩丹.城市化与"村落终结"[J].吉林大学社会科学学报,2011(2):11-17.doi:10.15939/j.jujsse.2011.02.020.

[222]王志刚.差异的正义:社会主义城市空间生产的价值诉求[J].思想战线,2012(4):121-124.

[223]魏强.空间正义、政治经济学批判与正义建构——亨利·列斐伏尔空间正义思想研究[J].常州大学学报(社会科学版),2019(6):100-108.

[224]袁超.城市正义的差异性问题研究[J].湖南城市学院学报,2014(1):45-48.

[225]张羽清,周武忠.论乡村景观对乡村振兴的促进作用[J].装饰,2019(4):33-37.doi:10.16272/j.cnki.cn11-1392/j.2019.04.008.

[226]周一星,张莉,武悦.城市中心性与我国城市中心性的等级体系[J].地域研究与开发,2001(4):1-5.

[227]曹克.生态伦理视野中的技术理性批判[J].南京财经大学学报,2007(2):82-85.

[228]方程.技术理性影响与当代城市景观设计策略[J].城市规划学刊,2007(2):47-50.

[229]龙燕.城市边缘区风景园林空间特征研究[D].武汉:武汉大学,2014.https://kns.cnki.net/KCMS/detail/detail.aspx?dbname=CDFDLAST2017&filename=1014249690.nh.

[230]毛齐正,马克明,邬建国,等.城市生物多样性分布格局研究进展[J].生态学报,2013(4):1051-1064.

[231]任平.生态的资本逻辑与资本的生态逻辑——"红绿对话"中的资本创新逻辑批判[J].马克思主义与现实,2015(5):161-166.doi:10.15894/j.cnki.cn11-3040/a.2015.05.025.

[232]田帅,冯万忠,高彩云.城市边缘区土壤重金属污染及其生态环境效应研究进展[J].宁夏农林科技,2013(3):52-55.

[233]田志会,王润,赵群,等.通州区林地生态服务功能时空变化规律的研究[C]//2019中国环境科学学会科学技术年会论文集(第一卷),2019:233-240.

[234]王如松.生态学与人类福祉——新千年生态系统评估与复合生态系统研究[C]//中国生态学会.生态学与全面·协调·可持续发展——中国生态学会第七届全国会员代表大会论文摘要荟萃,2004:298-299.

[235]王思元,李慧.基于景观生态学原理的城市边缘区绿色空间系统构建探讨[J].城市发展研究,2015(10):20-24.

[236]邢忠."边缘效应"与城市生态规划[J].城市规划,2001(6):44-49.

[237]尹剑慧,卢欣石.草地生态系统服务价值评估体系的研究[C]//中国草学会青年工作委员会学术研讨会论文集,2007:155-164.

[238]尹飞,毛任钊,傅伯杰,等.农田生态系统服务功能及其形成机制[J].应用生态学报,2006(5):929-934.

[239]余新晓,牛健植,关文彬.景观生态学[M].北京:高等教育出版社,2008.

[240]张东旭,程洁心,邹涛,等.基于多源数据的城市生境网络规划方法研究与实践[J].风景园林,2018(8):41-45.doi:10.14085/j.fjyl.2018.08.0041.05.

[241]张庆费.城市绿色网络与生物多样性保育[J].园林,2018(4):2-5.

[242]张蓉珍,贺春艳.城市边缘带农业生态环境问题及其成因分析——以西安市为例[J].农业环境与发展,2007(3):45-48,54.

[243]赵亚敏.郑州市城市边缘区新农村生态环境调查分析[J].山东农业大学学报(自然科学版),2013(2):276-281,285.

[244]赵士洞.新千年生态系统评估——背景、任务和建议[J].第四纪研究,2001,21(4):330-336.

[245]边防,赵鹏军,张衔春,等.新时期我国乡村规划农民公众参与模式研究[J].现代城市研究,2015(4):27-34.

[246]陈梦芸,林广思.基于自然的解决方案:一个容易被误解的新术语[J].南方建筑,2019(3):40-44.

[247]陈梦芸,林广思.基于自然的解决方案:利用自然应对可持续发展挑战的综合途径[J].中国园林,2019(3):81-85.

[248]荆贝贝,杜安.上海城市绿色空间碳汇评估及提升策略[J].中国国土资源经济,2022(4):64-72.doi:10.19676/j.cnki.1672-6995.000740.

[249]金佳莉,王成,贾宝全.我国4个典型城市近30年绿色空间时空演变规律[J].林业科学,2020(3):61-72.

[250]龙瀛,何永,刘欣,等.北京市限建区规划:制订城市扩展的边界[J].城市规划,2006(12):20-26.

[251]陆希刚."图"与"底"——关于城市非建设用地规划的思考[J].城市规划学刊,2013(4):68-72.

[252]罗明,应凌霄,周妍.基于自然解决方案的全球标准之准则透析与启示[J].中国土地,2020(4):9-13.doi:10.13816/j.cnki.ISSN1002-9729.2020.04.04.

[253]林伟斌,孙一民.基于自然解决方案对我国城市适应性转型发展的启示[J].国际城市规划,2020(2):62-72.doi:10.19830/j.upi.2018.433.

[254]潜莎娅,黄杉,华晨.基于多元主体参与的美丽乡村更新模式研究——以浙江省乐清市下山头村为例[J].城市规划,2016(4):85-92.

[255]潘悦,王锦,李婧熹,等.滇中城市群绿色空间生态系统服务价值时空演变及驱动分析[J].水土保持研究,2022.doi:10.13869/j.cnki.rswc.0729.003.

[256]沈清基.土地利用规划与生物多样性——《针对英格兰东南部地区规划和发展部门的生物多样性指南》评介[J].城市规划汇刊,2004(2):85-89,96.

[257]汤西子,邢忠.国土空间规划语境下城市边缘区小规模农林用地系统管控[J].规划师,2020(10):50-57.

[258]汤西子.城市边缘区小微生境保护规划——欧盟高自然价值农田管控对我国城市区域生物多样性维持的启示[J].国际城市规划,2021(2):74-83,116.doi:10.19830/j.upi.2020.218.

[259]王成,彭镇华.关于城市绿化建设中增加生物多样性问题[J].城市发展研究,2004(3):32-36.

[260]王青斌.论公众参与有效性的提高——以城市规划领域为例[J].政法论坛,2012(4):53-61.

[261]王娜,张年国,王阳,等.基于三生融合的城市边缘区绿色生态空间规划——以沈阳市西北绿楔为例[J].城市规划,2016(S1):116-120.

[262]王思元.城市边缘区绿色空间格局研究及规划策略探索[J].中国园林,2012(6):118-121.

[263]谢咏梅,冯晓峰.加快城市绿环建设 营造优美宜居环境对新疆城市绿化及防护林体系工程的诠释[J].新疆林业,2010(4):30-32.

[264]邢忠,汤西子,徐晓波.城市边缘区生态环境保护研究综述[J].国际城市规划,2014(5):30-41.

[265]邢忠,乔欣,叶林,等."绿图"导引下的城乡接合部绿色空间保护——浅析美国城市绿图计划[J].国际城市规划,2014(5):51-58.

[266]赵民,刘婧.城市规划中"公众参与"的社会诉求与制度保障——厦门市"PX项目"事件引发的讨论[J].城市规划学刊,2010(3):81-86.

后 记

    2018年,笔者开启了博士学位攻读的旅程,同时在贵州大学建筑与城市规划学院就职,学业、事业、婚姻、育儿多重压力下的艰辛令人不敢回首,只能勇往直前。攻读博士的决定将我带入了城市边缘区绿色空间规划方法研究的领域,使我在研究过程中重新领悟到作为一个城乡规划学者的使命,也使我寻找到生态城乡规划技术方法研究的兴趣和激情。本书是我博士研究的过程记录,由衷地感谢在研究路上给我启迪、为我指路、予我关怀和鼓励的前辈、伙伴和亲友们。

    感谢我的博士导师邢忠教授。您一身学术正气,对学术的纯粹追求和对学生的耐心培养犹如明灯指引我前行。我并不是一个合格的学生,由于是在职攻读,忙于教学和行政事务,博士学业常常滞后于同门,是您的宽容和鼓励使我坚持至今,以您为榜样,将科研事业当成一生的追求。

    感谢我工作单位的领导和同事,是各位同仁对我学业和家庭的体谅,为我提供了难能可贵的学习时间。领导和同事们的鼓励,以及在日常工作中的不断协调,为我的持续研究提供了保障,集体的培养使我不敢倦怠。

    感谢我的博士同学们,当我学业陷入迷茫、停滞不前的时候有幸有你们携手同行,与我分析经验、讨论方法、提供帮助、相互鼓励,因为你们我的求学之路充满了人情温暖。

    感谢我的父母,是父母无条件的物质支持和精神支持,使我不必受缚于现实压力,得以追求学术。是父母对我从小的关心和鼓励让我勇于挑战,是父母的教导与期盼使我不敢有丝毫松懈。

感谢我的丈夫,在我多年的研究中所给予的默默支持与体谅,主动分担了家庭责任和育儿工作,在我焦虑难安时抚平我的情绪,在我迷茫无助时给我臂膀港湾。

感谢我的孩子,在我读博第二年来到我的世界,成为我生命里的欢乐和阳光,不论承受着多大的压力,遇到多大的难题,只要看见你的笑脸,我就会充满力量。

杨钧月

2022 年 7 月